"十四五"职业教育国家规划教材

"十二五"职业教育国家规划教材
经全国职业教育教材审定委员会审定

高等职业教育路桥类专业"新形态一体化"系列教材

结构设计原理

（微课视频版）

第 2 版

U0156828

主编　胡兴福
参编　洪　英　何　伟　汝海峰
主审　樊　素

机械工业出版社

本书根据现行规范进行编写。全书共 11 个单元，主要内容包括：绪论、结构基本计算原则、结构材料、钢筋混凝土受弯构件、钢筋混凝土受压构件、钢筋混凝土受拉构件、钢筋混凝土受扭构件、预应力混凝土结构、钢结构、圬工结构、钢-混凝土组合构件。

本书可作为高职高专院校道路与桥梁工程技术、市政工程技术及其他相关专业教材，也可用于在职培训或供有关工程技术人员参考。

为方便读者学习，本书配有电子课件和其他配套资源，凡使用本书作为教材的老师可登录机械工业出版社教育服务网 www.cmpedu.com 注册下载。机工社职教建筑群（教师交流 QQ 群）：221010660。咨询电话：010-88379934。

图书在版编目（CIP）数据

结构设计原理：微课视频版/胡兴福主编. —2 版. —北京：机械工业出版社，2021.8（2025.1 重印）
高等职业教育路桥类专业"新形态一体化"系列教材
"十二五"职业教育国家规划教材
ISBN 978-7-111-68338-4

Ⅰ.①结⋯　Ⅱ.①胡⋯　Ⅲ.①建筑结构-结构设计-高等职业教育-教材
Ⅳ.①TU318

中国版本图书馆 CIP 数据核字（2021）第 100482 号

机械工业出版社（北京市百万庄大街 22 号　邮政编码 100037）
策划编辑：沈百琦　责任编辑：沈百琦
责任校对：张　薇　封面设计：鞠　杨
责任印制：邸　敏
中煤（北京）印务有限公司印刷
2025 年 1 月第 2 版第 4 次印刷
184mm×260mm·17.5 印张·421 千字
标准书号：ISBN 978-7-111-68338-4
定价：55.00 元

电话服务
客服电话：010-88361066
　　　　　010-88379833
　　　　　010-68326294
封底无防伪标均为盗版

网络服务
机　工　官　网：www.cmpbook.com
机　工　官　博：weibo.com/cmp1952
金　书　网：www.golden-book.com
机工教育服务网：www.cmpedu.com

关于"十四五"职业教育
国家规划教材的出版说明

为贯彻落实《中共中央关于认真学习宣传贯彻党的二十大精神的决定》《习近平新时代中国特色社会主义思想进课程教材指南》《职业院校教材管理办法》等文件精神，机械工业出版社与教材编写团队一道，认真执行思政内容进教材、进课堂、进头脑要求，尊重教育规律，遵循学科特点，对教材内容进行了更新，着力落实以下要求：

1. 提升教材铸魂育人功能，培育、践行社会主义核心价值观，教育引导学生树立共产主义远大理想和中国特色社会主义共同理想，坚定"四个自信"，厚植爱国主义情怀，把爱国情、强国志、报国行自觉融入建设社会主义现代化强国、实现中华民族伟大复兴的奋斗之中。同时，弘扬中华优秀传统文化，深入开展宪法法治教育。

2. 注重科学思维方法训练和科学伦理教育，培养学生探索未知、追求真理、勇攀科学高峰的责任感和使命感；强化学生工程伦理教育，培养学生精益求精的大国工匠精神，激发学生科技报国的家国情怀和使命担当。加快构建中国特色哲学社会科学学科体系、学术体系、话语体系。帮助学生了解相关专业和行业领域的国家战略、法律法规和相关政策，引导学生深入社会实践、关注现实问题，培育学生经世济民、诚信服务、德法兼修的职业素养。

3. 教育引导学生深刻理解并自觉实践各行业的职业精神、职业规范，增强职业责任感，培养遵纪守法、爱岗敬业、无私奉献、诚实守信、公道办事、开拓创新的职业品格和行为习惯。

在此基础上，及时更新教材知识内容，体现产业发展的新技术、新工艺、新规范、新标准。加强教材数字化建设，丰富配套资源，形成可听、可视、可练、可互动的融媒体教材。

教材建设需要各方的共同努力，也欢迎相关教材使用院校的师生及时反馈意见和建议，我们将认真组织力量进行研究，在后续重印及再版时吸纳改进，不断推动高质量教材出版。

机械工业出版社

第2版前言

本书第1版出版至今，已经经历了10余年的教学实践和修订完善，先后被评为普通高等教育"十一五"国家级规划教材和"十二五"职业教育国家规划教材。近年来，随着我国一批新编行业标准的颁布实施和专业教学改革的深入，各院校对结构设计原理教材提出了新的要求，本书正是在这样的背景下在上一版基础上修订而成。

本书保持了上一版的结构体系、基本内容和编写特点，所做的主要修订有：

（1）更新规范内容，依据现行规范进行修改。根据（JTG D60—2015）《公路桥涵设计通用规范》、（JTG D64—2015）《公路钢结构桥梁设计规范》、（JTG 3362—2018）《公路钢筋混凝土及预应力混凝土桥涵设计规范》等现行行业标准对全书进行了修订。

（2）校企合作，"双元"育人。本次修订前，特邀请行业专家与一线教师共同探讨书稿结构、内容以及适用性等问题。行业专家从实际工作岗位技能要求出发，根据行业发展的最新成果，一线教师围绕近年来的教学实践经验和教学实际需要，共同对部分内容进行了精简，对局部内容进行了更新，使之更适合当前社会岗位对人才技能的需求，适合当前职业院校的教学需要。

（3）增加立体化数字资源，更适合"互联网+职业教育"发展需求。为方便教师教学与学生自学，配套了数字化资源，包括动画、BIM模型、微课视频等，读者可通过扫描二维码观看；同时，本书还配有电子课件、教案等教学资源。

（4）工学结合，德技并修。本书在每个单元均增加了相对应的课程思政案例，旨在帮助学生树立"打好基本功为社会做贡献"的职业理想，不断强化工匠精神、认真负责的职业素养。

（5）顺应教学需求，采用手册式装订形式。为了满足不同院校的教学需要以及方便及时更新，本书在装订时根据书稿内容，拆分为4个部分进行独立装订，老师可根据各自院校需求进行组合教学。

本书在重印过程中，切实贯彻党的二十大精神进教材、进课堂、进头脑要求，在单元2～单元11设置"警示园地"，一方面对学生进行社会主义核心价值观的培育，特别是"爱国、敬业、诚信、友善"的价值准则的浸润，另一方面对学生进行"质量强国"意识培养，同时引导学生"做社会主义法治的忠实崇尚者、自觉遵守者、坚定捍卫者"。

本书第2版由四川建筑职业技术学院胡兴福任主编，并对全书进行统稿。参与编写的还有南京交通职业技术学院洪英、四川建筑职业技术学院何伟、中铁二院国际公司汝海峰。全书由四川建筑职业技术学院樊素主审。具体分工如下：胡兴福修订单元1、2、3、7、9、10、11，洪英修订单元4、5、6、8和参与修订单元3，汝海峰参与修订单元9、10，何伟负责数字资源建设和课程思政案例开发。

本书在修订过程中参考了相关文献，引用了部分网上公开资料，并吸纳了各使用院校的意见和建议，编者谨此表示衷心感谢。

限于编者水平，书中错漏难免，恳请广大读者批评指正。

编　者

第1版前言

2004 年 10 月 1 日，JTG D60—2004《公路桥涵设计通用规范》、JTG D62—2004《公路钢筋混凝土及预应力混凝土桥涵设计规范》正式实施，各校急需根据新规范编写的教材。本教材就是在这种背景下编写出版的。

在编写过程中，编者着力贯彻能力本位思想，注重技能培养，注重结构基本概念和结构构造的介绍；在教材内容的取舍上，注意针对性和实用性，坚持必需够用的原则，并努力做到理论联系实际；在教材内容的结构体系上，根据知识的内在逻辑联系，对传统的组织和表达形式作了较大改革，使之更易教、易学。为了便于教学，章前编写了学习目标与要求、本章重点、本章难点，章后编写了小结、思考题和习题。

本书按 80 学时左右编写，学时分配建议参见下表。

学时分配建议表

章　名	参考学时	章　名	参考学时
第1章　绪论	1	第7章　钢筋混凝土受扭构件	2
第2章　结构基本计算原则	4	第8章　预应力混凝土结构	15
第3章　结构材料	5	第9章　圬工程结构	4
第4章　钢筋混凝土受弯构件	20	第10章　钢结构	16
第5章　钢筋混凝土受压构件	10	第11章　钢-混凝土组合构件	2
第6章　钢筋混凝土受拉构件	1	合　计	80

本教材根据我国现行公路桥涵设计规范——JTG D60—2004《公路桥涵设计通用规范》、JTG D62—2004《公路钢筋混凝土及预应力混凝土桥涵设计规范》、JTJ 025—1985《公路桥涵钢结构和木结构设计规范》、JTG D61—2005《公路圬工桥涵设计规范》（本书统称为《公路桥规》）编写。

本教材由四川建筑职业技术学院胡兴福，江西交通职业技术学院邹花兰，南京交通职业技术学院洪英，黄河水利职业技术学院胡海彦、王建伟编著，胡兴福任主编。第 1、5、10 章及附录由胡兴福执笔，第 2、4 章由邹花兰执笔，第 8 章由洪英执笔，第 6、7 章由胡海彦执笔，第 3、9 章由湖海彦、胡兴福执笔，第 11 章由王建伟执笔。

本书由四川交通职业技术学院谢兴黄主审。谢老师对全书进行了十分认真的审阅，提出了不少建设性的意见，对保证本书质量起到了重要作用，谨此表示衷心感谢，并对谢老师严谨的治学态度表示钦佩。

由于对新规范理解不深，加之水平有限，书中疏漏不妥之处难免，恳请读者批评指正。

为方便教师授课，我们还开发制作了与本书配套的教师助教盘，内容包括电子教案、课后习题解答及模拟试卷。助教盘由四川建筑职业技术学院陈文元制作。

编　者

微课视频列表

（续）

（续）

名称	图形	所在页码	名称	图形	所在页码
35. 角焊缝的构造		204	37. 高强螺栓连接的工作原理		222
36. 普通螺栓连接的构造要求		214			

目录

单元1

绪论

1.1 结构的概念及类型

在土建工程中，所有建筑物的承重骨架都是由若干构件通过一定方式连接而成的，用以承受并传递各种作用（包括荷载和间接作用）。如各种桥梁的承重骨架都是由桥面板、主梁、横梁、墩台、拱、索等构件所组成，其中梁、板、拱、索等称为**基本构件**。在建筑物中，**承受和传递作用的各个部件的总和称为结构**，它是由若干构件按照一定的规则，通过正确的连接方式组成的承重骨架体系。

根据构件受力与变形的特点，基本构件可分为受拉构件、受压构件、受弯构件和受扭构件等。在工程实际中，有些构件的受力和变形比较简单，而有些构件的受力和变形则比较复杂，可能是几种受力状态的组合。

按承重结构所用材料不同，桥涵结构可分为钢筋混凝土结构、预应力混凝土结构、圬工结构、钢结构、木结构等。

（1）钢筋混凝土结构 钢筋混凝土结构由钢筋和混凝土两种力学性质不同的材料组成，具有可就地取材、耐久性好、刚度大、可模性好等优点，相对于预应力混凝土结构而言，还具有较好的延展性和抗震性能。但由于混凝土抗拉强度太低，构件存在容易开裂、跨越能力不大，且构件尺寸大、自重大等缺点。钢筋混凝土结构广泛应用于各种桥梁、涵洞、挡土墙、路面、水工结构和房屋结构等。

（2）预应力混凝土结构 预应力混凝土结构由于在构件承受作用之前预先对混凝土受拉区施加适当的压应力，因而在正常使用条件下，可以人为地控制截面上的应力，从而延缓裂缝的产生和发展，或者说可将裂缝宽度控制在一定的范围之内，且可采用高强混凝土及高强钢材，从而降低自重，增大跨越能力。但高强材料单价高，且预应力混凝土结构施工难度大、工序多，对技术要求也较高。

（3）圬工结构 圬工结构是以石材或混凝土（包括其块件）和砂浆或小石子混凝土结合而成的砌体作为建筑材料所建成的结构。其特点是易于就地取材，且有良好的耐久性，但自重大，施工机械化程度低，多用于中小跨度的拱桥、墩台、挡土墙及防护工程中。

（4）钢结构 钢结构是由型钢或钢板通过一定的连接方式所构成。钢结构的可靠性高，其基本构件可在工厂制作，故施工效率高、周期短。但相对于混凝土结构而言，造价较高，而且养护费用也高。

（5）木结构 由于木材易燃、易腐蚀、易变形，加之我国木材资源严重不足，因此，除抢险急修的临时性便道外，禁止修建木桥。

1.2 结构设计的基本要求

结构设计应遵循安全、适用、经济、美观和利于环保的原则。结构设计的目的，就是要使所设计的结构，在规定的时间内具有足够的可靠性，即要求它们在承受各种作用后具有足够的承载能力、刚度、稳定性和耐久性。**承载能力要求**是指在设计使用年限内，结构及各个构件（包括连接件）具有足够的安全储备；**刚度要求**是指结构及各个构件的变形在容许范围内；**稳定性要求**是指结构整体及其各个组成构件在计算荷载作用下都处于稳定的平衡状态；**耐久性**要求是指结构和构件在设计使用年限内，不发生破坏或产生过大的裂缝而影响正常使用。此外，结构构件还应该满足制造、运输和安装过程中的强度、刚度和稳定性要求。

结构及各个构件在满足可靠性的同时，还应具有经济性。构件的可靠性与材料性质、几何形状、截面尺寸、受力特点、工作条件、构造特点以及施工质量等因素有关。当其他条件已确定，如果构件的尺寸过小，则结构有可能会因为产生过大的变形而不能正常使用，或者因为承载能力不够而导致结构物的崩塌。反之，如果截面尺寸过大，则构件的承载能力又将过分富余，从而造成人力、物力的浪费。结构设计所要解决的根本问题，就是要在结构的可靠与经济之间选择一种合理的平衡，使所建造的结构既经济合理，又安全可靠。

1.3　本课程的内容、学习目标及应注意的问题

本课程主要讨论桥涵结构基本构件的受力特性、计算方法及构造要求，包括钢筋混凝土结构、预应力混凝土结构、钢结构、圬工结构基本构件。通过学习，应懂得结构计算的基本原则，掌握钢筋混凝土结构基本构件计算和钢结构连接计算的方法，了解预应力混凝土结构、圬工结构基本构件的计算方法，理解各种结构构件的构造要求，为后续课程的学习和将来从事桥涵结构的施工、设计工作奠定基础。

为了学好本课程，应注意以下几个方面：

（1）**注意培养"工程思维"**　"结构设计原理"是道路与桥梁工程技术、市政工程技术等专业的一门重要的技术基础课，是基础课和专业课之间的桥梁和纽带，同时也具有和基础课、专业课不同的特点。如本课程的绝大多数公式均非单纯由理论推导而来，而是以经验、试验为基础得到的半理论半经验公式；结构设计具有多方案性，即使是同一构件在给定荷载作用下，其截面形式、截面尺寸、配筋方式和数量都没有唯一答案，而只存在好与不好之分，往往需要综合考虑适用、材料、造价、施工等多方面因素，才能做出合理选择，因而设计过程往往是一个多次反复的过程。所以，不能以学习数学、力学等的思维模式和学习方法来学习这门课程。

（2）**注意本课程同力学知识的联系和区别**　本课程所研究的对象，除钢结构外都不符合匀质弹性材料的条件，因此力学公式多数不能直接搬用，但从通过几何、物理和平衡关系来建立基本方程来说，二者是相同的。所以，在应用力学原理和方法时，必须考虑材料性能上的特点，切不可照搬照抄。

（3）**注重规范的学习**　从某种意义上说，学习本课程就是学习规范。规范是国家颁布的关于结构计算和构造要求的技术规定和标准，具有一定的约束性和法规性。我国规范条文有以下四种情况：

1）强制性条文。虽是技术标准中的技术要求，但已具有某些法律性质（将来可能会演变成"建筑法规"），一旦违反，不论是否引起事故，都将被严厉惩罚，故必须严格执行。

2）要严格遵守的条文。规范中正面词用"必须"，反面词用"严禁"，表示非这样做不可，但不具有强制性。

3）应该遵守的条文。规范中正面词用"应"，反面词用"不应"或"不得"，表示在正常情况下均应这样做。

4）允许稍有选择或允许有选择的条文。表示允许稍有选择，在条件许可时首先应这样

做，正面词用"宜"，反面词用"不宜"；表示有选择，在一定条件可以这样做的，采用"可"表示。

我国现行公路桥涵设计规范主要有（JTG D60—2015）《公路桥涵设计通用规范》（以下简称《通用规范》）、（JTG 3362—2018）《公路钢筋混凝土及预应力混凝土桥涵设计规范》（以下简称《混凝土桥涵规范》）、（JTG D64—2015）《公路钢结构桥梁设计规范》（以下简称《钢桥规范》）、（JTG D61—2005）《公路圬工桥涵设计规范》以下简称《圬工桥涵规范》等。熟悉并学会应用有关规范是学习本课程的重要任务之一，因此，应自觉结合课程内容学习，以达到逐步熟悉并正确应用之目的。

（4）重视各种构造措施 现行结构实用计算方法一般只考虑了荷载作用，其他影响，如混凝土收缩、温度影响以及地基不均匀沉降等，难以用计算公式表达。规范根据长期工程实践经验，总结出了一些构造措施来考虑这些因素的影响。所谓**构造措施**，就是对结构计算中未能详细考虑或难以定量计算的因素，在施工简便、经济合理前提下所采取的技术措施，它与结构计算是结构设计中相辅相成的两个方面。因此，学习时不但要重视各种计算，还要重视构造措施，设计时必须满足各项构造要求。但除常识性构造规定外，不能死记硬背，而应该着眼于理解。

启示园地——"十三五"期间我国桥梁建设创多项世界第一

据国铁集团不完全统计，"十三五"期间，我国铁路建成通车桥梁达 14039 座 8864.1km，其中高铁桥梁 6392 座共 6343.7km。来自交通运输部数据，从 2015 年末至 2019 年末四年间，全国公路桥梁从 779159 座增加到 878279 座。

"十三五"期间，我国设计建造的桥梁创下多个世界第一，为经济社会发展发挥着重要作用。

毕都北盘江大桥建成时是世界最高桥梁，垂直高度达 565m，横跨贵州和云南两省。

杨泗港长江大桥是世界最大跨度双层公路悬索桥，跨度长达 1700m。

沪苏通长江公铁大桥采用主跨 1092m 的钢桁梁斜拉桥结构，是中国自主设计建造、世界上首座跨度超千米的公铁两用斜拉桥。

全长 16.3km 的平潭海峡公铁大桥是我国首座、世界最长的跨海公铁两用大桥。

2018 年建成的港珠澳大桥集桥梁、隧道和人工岛于一体，是世界目前里程最长、投资最多、施工难度最大、设计寿命使用最长的跨海公路桥梁。

超级工程的背后是我国科技的强劲发展，是一代代"桥梁人"为国家交出的一份份答卷。作为新一代"桥梁人"，我们努力学习基础知识，打下坚实基础，为国家桥梁发展贡献力量。

单元2

结构基本计算原则

- **学习目标**
1. 重点掌握极限状态设计表达式和作用组合表达式。
2. 掌握作用、结构功能要求、结构功能极限状态以及结构可靠度等概念。
- **本单元重点**

极限状态设计表达式和作用组合表达式。
- **本单元难点**

作用组合表达式。

结构构件的设计是指在预定的荷载及材料性能条件下，确定构件按功能要求所需要的截面尺寸、配筋和构造要求。

我国现行公路桥涵结构设计规范采用的是以概率理论为基础的极限状态设计方法，通常简称"概率极限状态设计法"。

2.1 作用及其代表值

2.1.1 作用的分类

所有引起结构反应的原因（内力、变形）**统称为作用**。按照作用性质的不同，作用包括两类，一类是施加于结构上的外力，如车辆、人群、结构自重等，它们是直接施加于结构上的，故称**直接作用**，也称为**荷载**。另一类不是以外力形式施加于结构，它们产生的效应与结构本身的特性、结构所处环境等有关，如地震、基础变位、混凝土收缩和徐变、温度变化等，它们是间接作用于结构的，故称**间接作用**。

按作用随时间的变化，直接作用分为永久作用、可变作用、偶然作用三大类。

（1）**永久作用** 在设计基准期内，始终存在且其量值变化与平均值比较可忽略不计的作用，或其变化是单调的并趋于某个限值的作用。

（2）**可变作用** 在设计基准期内，其量值随时间变化，且其变化值与平均值比较不可忽略的作用。

（3）**偶然作用** 在设计基准期内不一定出现，而一旦出现，其量值很大且持续时间很短的作用。

设计基准期是指为确定可变作用等的取值而选用的时间参数。《通用规范》规定，公路桥涵结构的设计基准期为100年。

现将各类作用分类列于表2-1。

表 2-1 作用分类

序号	分类	名称	序号	分类	名称
1	永久作用	结构重力（包括结构附加重力）	13	可变作用	人群荷载
2		预加力	14		疲劳荷载
3		土的重力	15		风荷载
4		土侧压力	16		流水压力
5		混凝土收缩、徐变作用	17		冰压力
6		水浮力	18		波浪力
7		基础变位作用	19		温度（均匀温度和梯度温度）作用
8	可变作用	汽车荷载	20		支座摩阻力
9		汽车冲击力	21	偶然作用	船舶的撞击作用
10		汽车离心力	22		漂流物的撞击作用
11		汽车引起的土侧压力	23		汽车撞击作用
12		汽车制动力	24	地震作用	地震作用

2.1.2　作用代表值

作用代表值是指结构或结构构件设计时，针对不同设计目的所采用的各种作用规定值。永久作用的代表值为标准值，可变作用的代表值包括作用标准值、组合值、准永久值和频遇值。

1. 作用标准值

作用标准值是在结构设计基准期内，作用可能出现的最大值，其值可根据作用在设计基准期内最大值概率分布的某一分位值确定。

作用标准值是各种作用的基本代表值，组合值、准永久值和频遇值一般可以在标准值的基础上计入不同的系数后得到。

对于永久作用如结构自重（包括结构附加重力）标准值，可按结构构件的设计尺寸与材料的重度计算确定。几种常用材料的重度：钢 78.5kN/m³，钢筋混凝土或预应力混凝土 25.0~26.0kN/m³，混凝土或片石混凝土 24.0kN/m³，浆砌块石或料石 24.0~25.0kN/m³，沥青混凝土 23.0~24.0kN/m³，其余见《通用规范》。

可变作用的标准值包括汽车荷载、人群荷载等，应按《通用规范》规定采用。

2. 可变作用频遇值

可变作用频遇值是在设计基准期内被超越的总时间占设计基准期的比率较小的作用值；或被超越的频率限制在规定频率内的作用值。

可变作用频遇值为可变作用标准值乘以频遇值系数 ψ_f，即 $\psi_f Q_k$。

3. 可变作用准永久值

可变作用准永久值是指在结构设计基准期内，被超越的总时间占设计基准期比率较大的作用值。

可变作用准永久值为可变作用标准值乘以准永久值系数 ψ_q，即 $\psi_q Q_k$。

4. 可变作用组合值

可变作用组合值是使组合后的作用效应的超越概率与该作用单独出现时，其标准值作用效应的超越概率趋于一致的作用值；或组合后使结构具有规定可靠指标的作用值。

可变作用组合值为可变作用标值乘以组合值系数 ψ_c，即 $\psi_c Q_k$。

公路桥涵设计时，对不同的作用应采用不同的代表值。永久作用应采用标准值作为代表值；可变作用应根据不同的极限状态分别采用标准值、组合值、频遇值或准永久值作为其代表值。承载能力极限状态设计及按弹性阶段计算结构强度时采用标准值作为可变作用的代表值。正常使用极限状态按短期效应（频遇）组合设计时，应采用频遇值作为可变作用的代表值；按长期效应（准永久）组合设计时，应采用准永久值作为可变作用的代表值；偶然作用取其标准值作为代表值。

2.2　极限状态法计算原则

2.2.1　极限状态的概念

1. 结构的功能要求

结构应满足的功能要求包括以下四个方面：

1）结构应能承受在正常施工和正常使用期间可能出现的各种荷载、外加变形、约束变形等的作用。

2）结构在正常使用条件下具有良好的工作性能，如不发生影响正常使用的过大变形或局部损坏。

3）结构在正常使用和正常维护的条件下，在规定的时间内，具有足够的耐久性，如不发生由于保护层碳化或裂缝宽度开展过大导致钢筋的锈蚀。

4）在偶然荷载（如地震、强风）作用下或偶然事件（如爆炸）发生时和发生后，结构仍能保持稳定性，不发生倒塌。

在上述功能要求中，第1）、4）两项指结构的强度和稳定性，称为结构的安全性；第2）项称为结构的适用性；第3）项称为结构的耐久性。

结构的安全性、适用性和耐久性是结构可靠的标志，总称为**结构的可靠性**。结构能够满足各项功能要求而良好地工作，称为结构"可靠"，反之，则称为结构"失效"。

结构可靠性用结构可靠度衡量。**结构可靠度**的定义是**结构在规定时间内，在规定条件下，完成预定功能的概率**。这里，规定时间指设计使用年限，是在正常设计、正常施工、正常使用和正常养护条件下，桥涵结构或结构构件不需要进行大修或更换，即可按其预定目的使用的年限。《通用规范》规定，公路桥涵主体结构和可变换部件的设计使用年限不应低于表2-2的规定，其中桥梁涵洞分类规定见表2-3。规定条件指正常设计、正常施工、正常使用和正常维护，不包括错误设计、错误施工和违反原来规定的使用情况；预定功能指结构的安全性、适用性和耐久性。

表 2-2　桥涵设计使用年限　（单位：年）

公路等级	主体结构			可变换部件	
	特大桥 大桥	中桥	小桥 涵洞	斜拉索 吊索 系杆等	栏杆 伸缩装置 支座等
高速公路 一级公路	100	100	50	20	15
二级公路 三级公路	100	50	30		
四级公路	100	50	30		

注：《钢桥规范》规定，对公路钢结构桥梁，特大桥、大桥、中桥主体结构应按不小于100年设计使用年限进行设计，高速公路、一级公路、二级公路上的小桥主体结构宜按不小于100年设计使用年限进行设计。

表 2-3　桥梁涵洞分类

桥涵分类	多孔跨径总长 L/m	单孔跨径 L_k/m
特大桥	$L>1000$	$L_k>150$
大桥	$100 \leq L \leq 1000$	$40 \leq L_k \leq 150$
中桥	$30<L<100$	$20 \leq L_k <40$
小桥	$8 \leq L \leq 30$	$5 \leq L_k <20$
涵洞	—	$L_k<5$

注：1. 单孔跨径系指标准跨径。
2. 梁式桥、板式桥的多孔跨径总长为多孔标准跨径的总长；拱式桥为两端桥台内起拱线间的距离；其他形式桥梁为桥面系行车道长度。
3. 管涵及箱涵不论管径或跨径大小、孔数多少，均称为涵洞。
4. 标准跨径：梁式桥、板式桥以两桥墩中线间距离或桥墩中线与台背前缘间距为准；拱式桥和涵洞以净跨径为准。

2. 结构功能的极限状态

若整个结构或结构的一部分超过某一特定状态就不能满足设计规定的某一功能要求，则此特定状态称为该功能的极限状态。

结构的极限状态

结构的极限状态分为承载能力极限状态和正常使用极限状态。

（1）**承载能力极限状态** **承载能力极限状态**对应于桥涵及其构件达到最大承载能力或出现不适于继续承载的变形或变位的状态。当结构或构件出现下列状态之一时，即认为超过了承载能力极限状态。

1）整个结构或结构的一部分作为刚体失去平衡，如滑动、倾覆等。

2）结构构件或连接处因超过材料强度而破坏，包括疲劳破坏。

3）结构转变成机动体系。

4）结构或材料构件丧失稳定，如柱的压屈失稳。

5）由于材料的塑性或徐变变形过大，或由于截面开裂而引起过大的几何变形等，致使结构或结构构件不能再继续承载和使用，如主拱圈拱顶下挠，引起拱轴线偏离过大。

（2）**正常使用极限状态** **正常使用极限状态**对应于桥涵及其构件达到正常使用或耐久性的某项限值的状态。当结构或构件出现下列状态之一时，即认为超过了正常使用极限状态。

1）影响正常使用或外观的变形。

2）影响正常使用或耐久性的局部损坏，如过大的裂缝宽度。

3）影响正常使用的振动。

4）影响正常使用的其他特定状态。

3. 结构的设计状况

公路桥涵应考虑以下四种设计状况及其相应的极限状态设计。

（1）**持久状况** 桥涵建成后承受自重、车辆荷载等持续时间很长的状况。该状况下桥涵应作承载能力极限状态和正常使用极限状态设计。

（2）**短暂状况** 桥涵施工过程中承受临时性作用（或荷载）的状况。该状况下桥涵应作承载能力极限状态设计，并可根据需要进行正常极限状态设计。

（3）**偶然状况** 在桥涵使用过程中偶然出现的状况。该状况下桥涵仅作承载能力极限状态设计。

（4）**地震状况** 在桥涵使用过程中出现地震作用的状况。该状况下桥涵应作承载能力极限状态设计。

公路桥涵结构除需要按上述四种设计状况进行相应的极限状态设计外，还应根据其设计使用年限和所处环境进行耐久性设计。结构混凝土耐久性的基本要求应符合表2-4的要求。

公路桥涵混凝土结构及构件还应采取下列耐久性技术措施：

1）钢筋的混凝土保护层厚度满足《混凝土桥涵规范》第9.1.1条的要求。

2）预应力混凝土结构中的预应力体系根据具体情况采用相应的多重防护措施。

3）有抗渗要求的混凝土结构，混凝土的抗渗等级应符合有关标准的要求。

4）严寒和寒冷地区的潮湿环境中，混凝土应满足抗冻要求，混凝土抗冻等级应符合有关标准的要求。

5）桥涵结构形式、结构构造有利于排水、通风，避免水气凝聚和有害物质积聚。

表 2-4　结构混凝土耐久性的基本要求

环境类别	条　件	混凝土强度等级最低要求					
		梁、板、塔、拱圈、涵洞上部		墩台身、涵洞下部		承台、基础	
		设计使用年限					
		100 年	50 年、30 年	100 年	50 年、30 年	100 年	50 年、30 年
Ⅰ类——一般环境	仅受混凝土碳化影响的环境	C35	C30	C30	C25	C25	C25
Ⅱ类——冻融环境	受反复冻融影响的环境	C40	C35	C35	C30	C30	C25
Ⅲ类——近海或海洋氯化物环境	受海洋环境下氯盐影响的环境	C40	C35	C35	C30	C30	C25
Ⅳ类——除冰盐等其他氯化物环境	受除冰盐等其他氯盐影响的环境	C40	C35	C35	C30	C30	C25
Ⅴ类——盐结晶环境	受混凝土孔隙中硫酸盐结晶膨胀影响的环境	C40	C35	C35	C30	C30	C25
Ⅵ类——化学腐蚀环境	受酸碱性较强的化学物质侵蚀的环境	C40	C35	C35	C30	C30	C25
Ⅶ类——腐蚀环境	受风、水流或水中夹杂物的摩擦、切削、冲击等作用的环境	C40	C35	C35	C30	C30	C25

2.2.2　结构设计安全等级

公路桥涵按持久状况承载能力极限状态设计时，公路桥涵结构的设计安全等级应根据结构破坏可能产生的后果的严重程度，按表 2-5 划分为三个安全等级进行设计，以体现不同情况桥涵的可靠度差异。

表 2-5　公路桥涵结构设计安全等级

设计安全等级	破坏后果	适　用　对　象
一级	很严重	1. 各等级公路上的特大桥、大桥、中桥； 2. 高速公路、一级公路、二级公路、国防公路及城市附近交通繁忙公路上的小桥
二级	严重	1. 三、四级公路上的小桥； 2. 高速公路、一级公路、二级公路、国防公路及城市附近交通繁忙公路上的涵洞
三级	不严重	三、四级公路上的涵洞

注：本表所列特大、大、中桥等，系按表 2-3 中的单孔跨径确定，对多跨不等跨桥梁以其中最大跨径为准。

对于有特殊要求的公路桥涵结构，其设计安全等级可根据具体情况研究确定。

同一桥涵结构构件的安全等级宜与整体结构相同，有特殊要求时可作部分调整，但调整后的级差不得超过一级。

2.2.3　作用组合

作用组合

在桥涵结构上几种作用分别产生的效应的随机叠加，称为作用组合。公路桥涵设计时应考虑结构上可能同时出现的作用，按承载能力极限状态和正常使用极限状态进行作用组合，取其最不利组合效应进行设计。

1. 作用组合的原则

1）只有在结构上可能同时出现的作用，才进行组合。当结构或结构构件需做不同受力方向的验算时，则应以不同方向的最不利的作用效应进行组合。

2）当可变作用的出现对结构或结构构件产生有利影响时，该作用不应参与组合。实际不可能同时出现的作用或同时参与组合概率很小的作用，按表 2-6 规定不考虑其参与组合。

表 2-6　可变作用不同时组合表

作用名称	不与该作用同时参与组合的作用
汽车制动力	流水压力、冰压力、波浪力、支座摩阻力
流水压力	汽车制动力、冰压力、波浪力
波浪力	汽车制动力、流水压力、冰压力
冰压力	汽车制动力、流水压力、波浪力
支座摩阻力	汽车制动力

3）施工阶段作用组合，应按计算需要及结构所处条件而定，结构上的施工人员和施工机具设备均应作为临时荷载加以考虑。

4）多个偶然作用不同时参与组合。

5）地震作用不与偶然作用同时参与组合。

2. 按承载能力极限状态设计的作用组合

按承载能力极限状态设计时，对持久设计状况和短暂设计状况应采用作用的基本组合，对偶发设计状况应采用作用的偶发组合，对地震设计状况应采用作用的地震组合。

（1）基本组合　作用的基本组合是指永久作用的设计值与可变作用设计值的组合。作用基本组合的效应设计值的表达式为

$$S_{ud} = \gamma_0 S\left(\sum_{i=1}^{m} \gamma_{Gi} G_{ik} \cdot \gamma_{Q1} \gamma_L Q_{1k}, \psi_c \sum_{j=2}^{n} \gamma_{Lj} \gamma_{Qj} Q_{jk} \right) \tag{2-1}$$

或

$$S_{ud} = \gamma_2 S\left(\sum_{i=1}^{m} G_{id}, Q_{1d}, \sum_{j=2}^{n} Q_{jd} \right) \tag{2-2}$$

式中　S_{ud}——承载能力极限状态下作用基本组合的效应设计值；

　$S(\quad)$——作用组合的效应函数；

　γ_0——结构重要性系数，对应于设计安全等级一级、二级和三级分别取 1.1、1.0 和 0.9；

　γ_{Gi}——第 i 个永久作用的分项系数，应按表 2-7 的规定采用；

　G_{ik}、G_{id}——第 i 个永久作用的标准值和设计值；

　γ_{Q1}——汽车荷载（含汽车冲击力、离心力）的分项系数，采用车道荷载计算时取

$\gamma_{Q1} = 1.4$，采用车辆荷载计算时取 $\gamma_{Q1} = 1.8$；当某个可变作用在组合中其效应值超过汽车荷载效应时，则该作用取代汽车荷载，其分项系数应取 $\gamma_{Q1} = 1.4$；对专为承受某作用而设置的结构或装置，设计时该作用的分项系数取 $\gamma_{Q1} = 1.4$；计算人行道板和人行道栏杆的局部荷载，其分项系数也取 $\gamma_{Q1} = 1.4$；

Q_{1k}、Q_{1d}——汽车荷载（含汽车冲击力、离心力）的标准值和设计值；

γ_{Qj}——在作用组合中除汽车荷载（含汽车冲击力、离心力）、风荷载外的其他第 j 个可变作用效应的分项系数，取 $r_{Qj} = 1.4$，但风荷载的分项系数取 $r_{Qj} = 1.1$；

Q_{jk}、Q_{jd}——在作用组合中除汽车荷载（含汽车冲击力、离心力）外的其他第 j 个可变作用的标准值和设计值；

ψ_c——在作用组合中除汽车荷载（含汽车冲击力、离心力）外的其他可变作用的组合系数，取 $\psi_c = 0.75$；

γ_{Lj}——第 j 个可变作用的结构设计使用年限荷载调整系数。公路桥涵结构的设计使用年限按（JTG B01—2014）《公路工程技术标准》取值时，取 $\gamma_{Lj} = 1.0$，否则，γ_{Lj} 取值应按专门研究确定。

上面提及的**作用设计值，是指作用的标准值或组合值乘以相应的作用分项系数**。

表 2-7　永久作用的分项系数

编号	作用类别		永久作用分项系数	
			对结构的承载能力不利时	对结构的承载能力有利时
1	混凝土和圬工结构重力（包括结构附加重力）		1.2	1.0
	钢结构重力（包括结构附加重力）		1.1 或 1.2	1.0
2	预加力		1.2	1.0
3	土的重力		1.2	1.0
4	混凝土的收缩及徐变作用		1.0	1.0
5	土侧压力		1.4	1.0
6	水的浮力		1.0	1.0
7	基础变位作用	混凝土和圬工结构	0.5	0.5
		钢结构	1.0	1.0

注：本表编号 1 中，当钢桥采用钢桥面板时，永久作用分项系数取 1.1；当采用混凝土桥面板时，取 1.2。

（2）偶然组合　作用偶然组合系指永久作用标准值与可变作用某种代表值、一种偶然作用设计值相组合。偶然作用的分项系数取 1.0；与偶然作用同时出现的可变作用，可根据观测资料和工程经验取用频遇值或准永久值。

作用偶然组合的效应设计值的表达式为

$$S_{ad} = S\left(\sum_{i=1}^{m} G_{ik}, A_d, (\psi_{f1} \text{ 或 } \psi_{q1})Q_{1k}, \sum_{j=2}^{n} \psi_{qj}Q_{jk}\right) \tag{2-3}$$

式中　　S_{ad}——承载能力极限状态下作用偶然组合的效应设计值；

A_d——偶然作用的设计值；

ψ_{f1}——汽车荷载（含汽车冲击力、离心力）的频遇值系数，取 $\psi_{f1}=0.7$；当某个可变作用在组合中其效应值超过汽车荷载效应时，则该作用取代汽车荷载，人群荷载 $\psi_f=1.0$，风荷载 $\psi_f=0.75$，温度梯度作用 $\psi_f=0.8$，其他作用 $\psi_f=1.0$；

$\psi_{f1}Q_{1k}$——汽车荷载的频遇值；

ψ_{q1}、ψ_{qj}——第1个和第 j 个可变作用的准永久值系数，汽车荷载（含汽车冲击力、离心力）$\psi_q=0.4$，人群荷载 $\psi_q=0.4$，风荷载 $\psi_q=0.75$，温度梯度作用 $\psi_q=0.8$，其他作用 $\psi_q=1.0$；

$\psi_{q1}Q_{1k}$、$\psi_{qj}Q_{jk}$——第1个和第 j 个可变作用的准永久值。

（3）地震组合　作用地震组合的效应设计值按（JTG B02—2013）《公路工程抗震规范》计算。

在上述三种作用组合中，作用的基本组合用于结构的常规设计，是所有公路桥涵结构都要考虑的，而作用的偶然组合和地震组合用于结构在特殊情况下的设计，不是所有公路桥涵结构都要采用的。

3. 按正常使用极限状态设计的作用效应组合

按正常使用极限状态设计时，应根据不同的设计要求，采用作用的频遇组合或准永久组合。

（1）频遇组合　永久作用标准值与汽车荷载频遇值、其他可变作用准永久值相组合。

作用频遇组合的效应设计值可按下式计算：

$$S_{fd} = S\Big(\sum_{i=1}^{m} G_{ik}, \psi_{f1}Q_{1k}, \sum_{i=2}^{n} \psi_{qj}Q_{jk} \Big) \tag{2-4}$$

式中　S_{fd}——作用频遇组合的效应设计值；

ψ_{f1}——汽车荷载（不计汽车冲击力）频遇值系数，取 0.7。

（2）准永久组合　永久作用标准值与可变作用准永久值相组合。

作用准永久组合的效应设计值可按下式计算：

$$S_{qd} = S\Big(\sum_{i=1}^{m} G_{ik}, \sum_{j=1}^{n} \psi_{qj}Q_{jk} \Big) \tag{2-5}$$

式中　S_{qd}——作用准永久组合的效应设计值；

ψ_{qj}——汽车荷载（不计汽车冲击力）准永久值系数，取 0.4。

2.2.4　极限状态设计原则

1. 持久状况承载能力极限状态设计原则

《公路桥规》规定结构构件的承载能力极限状态的计算以塑性理论为基础。设计的原则是：桥涵结构的重要性系数与作用组合的效应设计值的乘积不应超过构件承载力设计值，表达式为

$$\gamma_0 S_d \leqslant R_d \tag{2-6}$$

式中　γ_0——桥梁结构的重要性系数；

S_d——作用（或荷载）组合的效应设计值；

R_d——结构或结构构件的抗力设计值。

2. 持久状况正常使用极限状态设计原则

公路桥涵的持久状况设计应按正常使用极限状态的要求，采用作用（或荷载）频遇组合或准永久组合的效应设计值，对构件的抗裂、裂缝宽度和挠度进行验算，并使各项计算值不超过规范规定的限值。

警示园地——塔科马海峡吊桥事故

工程概况：

塔科马海峡吊桥（Tacoma Narrows Bridge）位于美国华盛顿州塔科马，也是华盛顿州16号干线的一部分，桥长1.6km，横跨塔科马海峡。

事故描述：

1940年，美国华盛顿的塔科马海峡吊桥通车后的第5个月，在海峡中的大风中倒塌（图2-1）。

图 2-1　塔科马海峡吊桥倒塌

事故原因：

华盛顿州政府特为此设立了专案调查组，美国空气动力学家西奥多·冯·卡门在加州理工学院风洞进行模型测试，模拟了桥梁倒塌过程，当风在经过桥梁时，（因桥体过轻）形成了卡门涡街，找出了塔科马海峡吊桥倒塌事件的元凶是卡门涡街引起的吊桥共振。原桥设计未考虑风荷载的影响，为了降低桥梁总重、节省造价，使用了较轻量材料，造成其发生共振的破坏频率，与卡门涡街接近，从而随强风而剧烈摆动，导致吊桥崩塌。

卡门涡街是指空气等流体行进时遇阻碍物，在特定条件下，会出现不稳定的边界层分离，阻碍流体下游两侧，产生两道非对称地排列的漩涡，其中一侧漩涡顺时针旋转，另一侧漩涡反方向旋转，漩涡之间相互交错、干扰、吸引，最终，干扰扩大形成了非线性的卡门涡街。

小 结

1. 所有引起结构效应的原因统称为"作用"，包括直接作用和间接作用。按随时间的变化，直接作用可分为永久作用、可变作用和偶然作用。

2. 作用代表值是指结构或结构构件设计时，针对不同设计目的所采用的各种作用规定值。永久作用以标准值为代表值，可变作用以标准值、组合值、准永久值或频遇值为代表值。公路桥涵设计时应考虑结构上可能同时出现的作用，按承载能力极限状态和正常使用极限状态进行作用组合，取其最不利组合效应进行设计计算。

3. 结构应满足安全性、适用性和耐久性三方面的功能要求，这三项要求总称为结构的可靠性。可靠度是可靠性的概率度量。

4. 当整个结构或结构的一部分超过某一特定状态就不能满足设计规定的某一功能要求时，则此特定状态为该功能的极限状态。极限状态分为承载能力极限状态和正常使用极限状态。

5. 我国现行公路桥涵结构设计规范采用的是以概率理论为基础的极限状态设计方法，具体设计计算应满足承载能力极限状态和正常使用极限状态。承载能力极限状态的表达式为 $\gamma_0 S_d \leqslant R_d$；正常使用极限状态的计算，采用作用（或荷载）频遇组合或准永久组合的效应设计值，对构件的抗裂、裂缝宽度和挠度进行验算。

思 考 题

2-1 "作用"可分为哪几类？"作用"与"荷载"有什么异同？

2-2 承载能力极限状态设计的作用组合包括哪几种？

2-3 正常使用极限状态设计的作用组合包括哪几种？

2-4 结构设计时应满足哪几方面的功能要求？

2-5 何谓极限状态？极限状态分为哪几类？

2-6 承载能力极限状态的设计计算原则是什么？

2-7 正常使用极限状态的设计计算原则是什么？

2-8 公路桥涵应考虑哪几种设计状况？

结构材料

- **学习目标**
1. 掌握钢筋与混凝土共同工作的原理及保证二者黏结作用的措施。
2. 重点掌握钢筋、混凝土、砌体的主要力学性能及材料选用要求。

- **本单元重点**

钢筋、混凝土、砌体的主要力学性能及材料选用要求。

- **本单元难点**

保证钢筋与混凝土黏结作用的措施。

3.1　建筑钢材

3.1.1　钢材的品种与规格

钢材的种类繁多，性能差别很大。我国钢材按其化学成分的不同，可分为碳素钢和普通低合金钢。根据含碳量的多少，碳素钢又可分为低碳钢（碳的质量分数小于0.25%）、中碳钢（碳的质量分数在0.25%~0.6%之间）和高碳钢（碳的质量分数大于0.6%）。随着碳的质量分数的增加，钢材的强度提高，塑性降低，可焊性变差。普通低合金钢是在碳素钢的基础上，加入了少量的合金元素，如锰、硅、矾、钛等，使钢材强度提高，但对塑性影响不大。建筑钢材包括用于钢筋混凝土结构的钢筋和用于钢结构的结构钢。

3.1.1.1　钢筋混凝土结构用钢筋

按直径d大小不同，钢筋混凝土结构用钢筋分为钢筋（$d \geqslant 6\text{mm}$）和钢丝（$d < 6\text{mm}$）两类。

按生产加工工艺和力学性能的不同钢筋主要有热轧钢筋、冷轧带肋钢筋、余热处理钢筋及预应力螺纹钢筋四种。

热轧钢筋是在高温状态下轧制成型的，按其强度由低到高分为HPB300、HRB400、HRBF400、HRB500几个等级。

冷轧带肋钢筋是由热轧圆盘条经冷拉后在其表面冷轧成带有斜肋的钢筋，其屈服强度明显提高，按其强度由低到高分为CRB550、CRB650、CRB800、CRB600H、CRB680H和CRB800H六个级别。

余热处理钢筋有RRB400，它由K20MnSi钢制成，后经余热处理。

钢丝主要有消除应力的光面钢丝、三面刻痕钢丝和螺旋肋钢丝，以及钢绞线（用光面钢丝绞在一起）等几种。钢丝直径愈细，其强度愈高。

钢筋按其外形特征的不同，分为光面钢筋和变形钢筋两类。HPB300级钢筋都是光面钢筋，HRB400、HRBF400、RRB400、HRB500级钢筋都是变形钢筋。变形钢筋包括月牙纹钢筋、人字纹钢筋和螺纹钢筋等，如图3-1所示。

3.1.1.2　钢结构用钢材

用于钢结构的钢材通常为普通碳素钢和低合金钢。

（GB/T 714—2015）《桥梁用结构钢》规定，用于钢结构的钢材，只能用转炉或电炉冶炼。桥梁钢的牌号由代表屈服点的汉语拼音字母Q、最小屈服强度值（单位MPa）、桥字汉语拼音首字母q以及质量等级符号（分为C、D、E、F）四部分组成。按其屈服点，分为Q345q、Q370q、Q420q、Q460q、Q500q、Q550q、Q620q、Q690q八种。

钢结构常用的轧制钢材主要为热轧成型的钢板和型钢两大类。

（1）热轧钢板　热轧钢板分为毛边钢板和轧边钢板两种。

毛边钢板是将钢锭经过纵横两个方向辊轧而成的。这种钢板多用于钢板梁的腹板和节点板等两向受力处。根据钢板的尺寸，又分为薄钢板和厚钢板。厚度在4mm以下者为薄钢板，4.5mm以上者为厚钢板。

轧边钢板即扁钢，只能用于翼缘板及轴向受力构件等单向受力处。

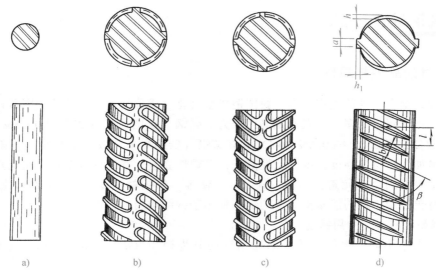

图 3-1 各种钢筋的外形

钢板符号用□表示，如□200×12×1000 表示钢板宽 200mm、厚 12mm、长 1000mm。

（2）热轧型钢 常用的型钢有以下几种类型，如图 3-2 所示。

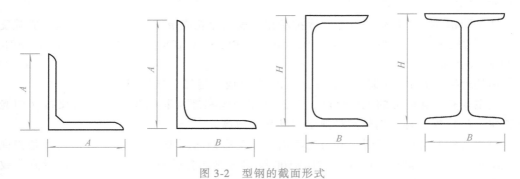

图 3-2 型钢的截面形式

1）角钢。分等边和不等边两种。等边角钢的边宽为 20~200mm，厚为 3~24mm。不等边角钢的边宽为 25mm×16mm~200mm×125mm，厚为 3~18mm。

等边角钢以边宽和厚度表示，如L100×12 表示边宽 100mm、厚 12mm 的等边角钢。不等边角钢则以两边宽度和厚度表示，如L100×80×10 表示长边宽 100mm、短边宽 80mm、厚 10mm 的角钢。

2）槽钢。槽钢的型号以高度的厘米数表示为 5~40 号。同一高度而翼缘宽度及腹板厚度不相同时，则在型号的后面附加字母 a、b、c 以示区别。如⊏40a 表示高度为 400mm、翼缘宽为 100mm、腹板厚为 10.5mm 的槽钢。

3）工字钢。工字钢的型号以其高度的厘米数表示为 10~63 号。同一高度而宽度及厚度不相同时，则在型号的后面附加字母 a、b、c 以示区别。如Ⅰ25a 表示工字钢的高度为 250mm、翼缘宽 116mm、腹板厚 8mm。

宽翼缘的工字钢用得较多，由于它两个方向的稳定性相等，可以单独作受压的柱或梁。

上述各种型钢的详细尺寸及其截面几何特征可查型钢表（型钢表参见工程力学教材）。

3.1.2 建筑钢材的主要力学性能

3.1.2.1 影响钢材力学性能的因素

1. 化学成分的影响

影响钢材性能的最主要因素是钢材中所含的化学成分。建筑钢材属于低碳钢，主要成分是铁，含量达99%（质量分数）；其他为碳、硅、锰、硫和磷等，总和约为1%。在低合金钢中还有其他合金元素，但其含量低于5%。钢材中碳和其他元素含量虽少，但对钢材性能的影响却很大。其中硫和磷是不利元素，损害钢材的性能，使钢材呈现脆性，因此应严格控制其含量。锰和硅是有利元素，可改善钢材的性能，增加钢材的塑性。碳也属于有利元素，钢材的强度直接和含碳量有关，含碳量越高，钢材的强度就越大，但塑性、韧性、可焊性下降。低合金钢中加入了少量的合金元素，如锰、硅、矾、钛等，使钢材强度提高，并且对塑性影响不大。

2. 钢材缺陷的影响

（1）**偏析** 钢材中化学成分的不均匀称为**偏析**。偏析能恶化钢材的性能，特别是硫、磷的偏析会使偏析区钢材的塑性、冷弯性能、冲击韧性及可焊性变坏。

（2）**非金属夹杂** 掺杂在钢材中的非金属杂物（硫化物和氧化物）对钢材的性能有极为不利的影响。硫化物在800~1200℃高温下，使钢材变脆（即热脆），氧化物则严重地降低钢材的力学性能和工艺性能。

（3）**裂纹** 成品钢材中的裂纹（微观的或宏观的），不论其成因如何，均可使钢材的冷弯性能、冲击韧度及疲劳强度大大降低，也使钢材抗脆性破坏的能力降低。

（4）**分层** 钢材在厚度方向不密合、分成多层称为**分层**。分层并不影响垂直于厚度方向的强度，但会严重降低冷弯性能。在分层夹缝处还易锈蚀，甚至形成裂纹，大大降低钢材的冲击韧性、疲劳强度及抗脆断能力。

3. 钢材的硬化

钢材的硬化对钢结构是不利的，钢材经过冲孔、剪切、冷压、冷弯等加工后，都会产生局部或整体硬化，这种现象叫作**加工硬化或冷作硬化**。在加工硬化的区域（如铆钉孔边缘等），钢材会出现一些裂纹或损伤，受力后出现应力集中现象，更进一步加剧了钢材的脆性。

4. 温度的影响

当温度低于常温时，钢材的强度会提高，但其塑性和韧性则会随着温度的降低而降低，而且温度降到某一临界温度时，钢材会完全处于脆性状态，使钢材的冲击韧性显著下降。钢材几乎完全处于脆性状态时的温度称为该钢材的**冷脆温度**。对于经常处于低温下工作的结构，应特别注意低温变脆的影响。

当温度超过85℃以后，随着温度的升高，钢材的抗拉强度、屈服点及其弹性模量等均随着降低，而应变增大。然而，在250℃左右，钢材的抗拉强度反而略有提高，而塑性和冲击韧性下降，钢材会变脆，这种现象称为**蓝脆**。应注意不要在此温度下进行加工，以防钢材发生裂纹。当温度达到600℃时，其流限、极限强度及弹性模量等均下降至零。

5. 应力集中

如果构件的截面发生急剧的变化，如有孔洞、槽口、裂缝、厚度突然改变以及其他形状的变化等，构件中的应力线在这些地方将发生转折，应力的分布也不再是均匀的。在截面突变处附近比较密集、曲折并出现局部的高峰应力，形成应力集中。截面变化越急剧，应力集中愈严重，钢材变脆的程度越厉害。对于承受动力荷载和反复荷载作用下的结构以及处于低温下工作的结构，由于钢材的脆性增加，应力集中的存在往往会产生严重的后果，需要特别注意。

3.1.2.2　建筑钢材的主要力学性能

1. 钢材受拉、受压及受剪时的性能

钢材的标准试件在室温环境（10~35℃）下，满足静力加载加速度一次拉伸所得的钢材的应力-应变曲线，说明了钢材受拉时的一些主要性能。图 3-3 为低碳钢的一次拉伸应力-应变曲线，通过单向拉伸试验可以获得钢材的屈服点 σ_s、抗拉强度 σ_b 和伸长率 δ 等基本力学性能指标。

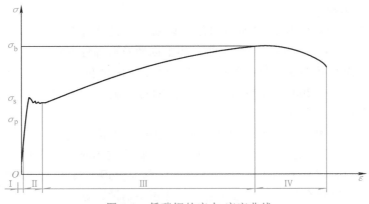

图 3-3　低碳钢的应力-应变曲线

（1）低碳钢拉伸试验　低碳钢在整个拉伸试验过程中，大致分四个阶段：

1）第 I 阶段。应力-应变呈线性关系，卸载后，试件能够恢复原长，故此阶段称为弹性阶段。弹性阶段最高点所对应的应力称为**弹性极限** σ_p。

2）第 II 阶段。当应力超过弹性极限后，应变较应力增加得较快，应力-应变曲线形成屈服台阶。此时，应变急剧增长，而应力却在很小的范围内波动，这个阶段称为屈服阶段，如将外力卸去，试件的变形不可能完全恢复，不能恢复的那部分变形称为**残余变形**（或称为塑性变形）。工程上取屈服阶段的最低点作为规定计算强度的依据，称为**屈服点**，以 σ_s 表示。

并非所有的钢材都具有明显的屈服点和屈服台阶，当含碳量很少（质量分数 0.1% 以下）或含碳量很高（质量分数 0.3% 以上）时都没有屈服台阶出现。对于无屈服台阶的钢材，通常采用相当于残余应变为 0.2% 时所对应的应力 $\sigma_{0.2}$ 作为条件屈服点。图 3-4 为高碳钢的应力-应变曲线。

3）第 III 阶段。屈服阶段以后，钢材抵抗外力的能力又得到恢复，应力与应变关系为上升的曲线，这个阶段称为强化阶段。对应于强化阶段最高点的应力就是钢材的**抗拉强度**，以

σ_b 表示。

4）第Ⅳ阶段。钢材在达到抗拉强度 σ_b 以后，在试件薄弱处的截面将开始显著缩小，产生缩颈现象，塑性变形迅速增大，拉应力随之下降，最后在缩颈处断裂。

钢材的屈服点和抗拉强度是强度的主要指标。钢材达到屈服点时结构将产生很大的塑性变形，故结构的正常使用会得不到保证，考虑到钢材应力 σ 达到屈服点 σ_s 后，应变急剧增长，产生较大的变形，因此，钢材计算取屈服点 σ_s 作为钢材的强度限值，抗拉强度 σ_b 作为钢材的强度储备。

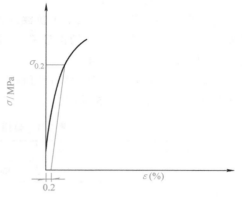

图 3-4　高碳钢的应力-应变曲线

（2）钢材的延伸率　钢材的**延伸率** δ 是拉伸试验时应力-应变曲线中最大的应变值，以试件被拉断时最大绝对伸长值和试件原标距之比的百分数来表示。延伸率是衡量钢材塑性性能的指标，延伸率大则说明钢的塑性好，容易加工，对冲击和急变荷载的抵抗能力强。

钢材在单向受压（粗而短的试件）时，受力性能基本上和单向受拉时相同，其屈服点和弹性模量的大小也与受拉时一样。受剪的情况也相似，但屈服点及抗剪强度均较受拉时低；切变模量 G_s 也低于弹性模量 E_s，规范中取 $G_s = 0.81 \times 10^5 \, \mathrm{MPa}$。

2. 冷弯性能

冷弯性能是指钢材在冷加工（即在常温下加工）产生塑性变形时，对产生裂缝的抵抗能力。

冷弯试验一方面是检验钢材能否适应构件制作中的冷加工工艺过程；另一方面通过试验还能暴露出钢材的内部缺陷，鉴定钢材的塑性和可焊性。冷弯试验是鉴定钢材质量的一种良好方法，常作为静力拉伸试验和冲击试验等的补充试验。冷弯性能是一项衡量钢材力学性能的综合指标。

3. 钢材的韧性

钢材的**韧性**是钢材在塑性变形和断裂过程中吸收能量的能力，也是表示钢材抵抗冲击荷载的能力，它是强度与塑性的综合体现，是衡量钢材抵抗因低温、应力集中、冲击荷载作用发生脆性断裂的一项力学性能指标。

4. 可焊性

钢材的**可焊性**是指在一定的工艺和结构条件下，钢材经过焊接后能够获得良好的焊接接头的性能。可焊性分为施工上的可焊性和使用性能上的可焊性。施工上的可焊性是要求在一定的焊接工艺条件下，焊缝金属和近缝区的钢材不产生裂纹；使用性能上的可焊性要求焊接构件在施焊后的力学性能不低于母材的力学性能。

3.1.2.3　建筑钢材的设计指标

1. 钢筋

在实际工作中，按同一标准生产的钢筋或混凝土各批之间的强度是有差异的，不可能完全相同。即使同一炉钢轧成的钢筋或同一配合比搅拌而成的混凝土试块，按照同一方法在同一台试验机上试验，所测的强度也不完全相同，这就是材料的变异性。在确定材料的设计强度时必须充分考虑这种变异性。

为了保证钢筋质量,《混凝土桥涵规范》规定,钢筋的强度标准值取现行国家标准的钢筋屈服点,具有不小于95%的保证率。钢筋的强度设计值则由钢筋强度标准值除以钢筋的材料分项系数 $\gamma_{fs} = 1.2$ 得到。

钢筋的强度标准值、弹性模量可根据钢筋的等级按表3-1、表3-2、表3-3采用;其强度设计值可按表3-4、表3-5采用。

表3-1　普通钢筋抗拉强度标准值 f_{sk} 　　　　　　（单位：MPa）

钢筋种类	符号	f_{sk}	钢筋种类	符号	f_{sk}
HPB300($d = 6 \sim 22mm$)	Φ	300	RRB400($d = 6 \sim 50mm$)	Φ^R	400
HRB400($d = 6 \sim 50mm$) HRBF400($d = 6 \sim 50mm$)	Φ Φ^F	400	HRB500($d = 6 \sim 50mm$)	Φ	500

表3-2　预应力钢筋抗拉强度标准值 f_{sk}

钢筋种类		符号	公称直径 d/mm	f_{pk}/MPa
钢绞线	1×7	Φ^S	9.5、12.7、15.2、17.8	1720、1860、1960
			21.6	1860
消除应力 钢丝	光面 螺旋肋	Φ^P Φ^H	5	1570、1770、1860
			7	1570
			9	1470、1570
预应力螺纹钢筋		Φ^T	18、25、32、40、50	785、930、1080

注：抗拉强度标准值为1960MPa的钢绞线作为预应力钢筋作用时,应有可靠工程经验或充分试验验证。

表3-3　钢筋的弹性模量　　　　　　（单位：MPa）

钢筋种类	E_s	钢筋种类	E_p
HPB300	2.1×10^5	消除应力钢丝	2.05×10^5
HRB400、HRB500、HRBF400、RRB400 预应力螺纹钢筋	2.0×10^5	钢绞线	1.95×10^5

表3-4　普通钢筋抗拉强度设计值 f_{sd} 和抗压强度设计值 f'_{sd} 　　　　　　（单位：MPa）

钢筋种类	f_{sd}	f'_{sd}	钢筋种类	f_{sd}	f'_{sd}
HPB300($d = 6 \sim 22mm$)	250	250	RRB400($d = 6 \sim 50mm$)	330	330
HRB400($d = 6 \sim 50mm$) HRBF400($d = 6 \sim 50mm$)	330	330	HRB500($d = 6 \sim 50mm$)	415	400

表3-5　预应力钢筋抗拉强度设计值 f_{pd} 和抗压强度设计值 f'_{pd} 　　　　　　（单位：MPa）

钢筋种类		f_{pd}	f'_{pd}
钢绞线 1×7(七股)	$f_{pk} = 1720$	1170	390
	$f_{pk} = 1860$	1260	
	$f_{pk} = 1960$	1330	

（续）

钢 筋 种 类		f_{pd}	f'_{pd}
消除应力钢丝	$f_{pk} = 1470$	1000	410
	$f_{pk} = 1570$	1070	
	$f_{pk} = 1770$	1200	
	$f_{pk} = 1860$	1260	
预应力螺纹钢筋	$f_{pk} = 785$	650	400
	$f_{pk} = 930$	770	
	$f_{pk} = 1080$	900	

2. 钢结构用钢材

钢结构用钢材的强度设计值见表 3-6。

表 3-6　钢材的强度设计值　　　　　　（单位：MPa）

钢 材		抗拉、抗压和抗弯 f_d	抗剪 f_{vd}	端面承压（刨平顶紧）f_{cd}
牌号	厚度/mm			
Q235 钢	≤16	190	110	280
	16~40	180	105	
	40~100	170	100	
Q345 钢	≤16	275	160	355
	16~40	270	155	
	40~63	260	150	
	63~80	250	145	
	80~100	245	140	
Q390 钢	≤16	310	180	370
	16~40	295	170	
	40~63	280	160	
	63~100	265	150	
Q420 钢	≤16	335	195	390
	16~40	320	185	
	40~63	305	175	
	63~100	290	165	

注：表中厚度指计算点的钢材厚度，对轴心受拉和轴心受压构件指截面中较厚板件的厚度。

3.1.3　钢材的疲劳

钢材在持续的反复荷载作用下，其应力虽然低于抗拉强度，甚至低于屈服点时，也往往会使构件发生突然破坏，这种现象称为**钢材的疲劳破坏**。导致疲劳破坏的应力称为**疲劳强度**。

对于经常直接承受动力荷载重复作用的钢结构构件及其连接件应进行疲劳计算。对只承受数值变动的压力构件和临时性结构物的构件可不必验算疲劳强度。

3.1.4 钢材的选用

1. 钢筋的选用

公路桥涵的钢筋应按下列规定选用。

钢筋混凝土及预应力钢筋混凝土构件中的普通钢筋宜选用 HPB300、HRB400、HRB500、HRBF400 及 RRB400 钢筋；预应力钢筋混凝土构件中箍筋应选用其中的带肋钢筋；按构造要求配置的钢筋网也可采用冷轧带肋钢筋。

预应力钢筋混凝土构件中的预应力钢筋应选用钢绞线、钢丝；中、小型构件或竖、横向预应力钢筋，也可选用预应力螺纹钢筋。

2. 钢结构用钢材的选用

钢结构应根据结构形式、受力状态、连接方法及所处环境，合理选用材料。

桥梁钢材宜选用 Q235 钢、Q345 钢、Q390 钢和 Q420 钢。其中 Q235 钢中的沸腾钢不宜用于需要验算疲劳的，以及虽不需要验算疲劳但工作温度低于-20℃时的焊接结构，也不宜用于需要验算疲劳且工作温度等于或低于-20℃时的非焊接结构。公路钢桥主体结构常用 $Q345_q$、$Q390_q$ 和 $Q420_q$ 钢。

钢材冲击韧性应符合下列要求：①对需要验算疲劳的焊接构件，当 0℃≤t<-20℃（t 为桥梁的工作温度）时，Q235 钢、Q345 钢的冲击韧性应满足表 3-7 中质量等级 C 的要求，Q390 钢和 Q420 钢应满足质量等级 D 的要求；当 t≤-20℃时，Q235 钢、Q345 钢的冲击韧性应满足质量等级 D 的要求，Q390 钢和 Q425 钢应满足质量等级 E 的要求。②对需要验算疲劳的非焊接件，当 t≤-20℃时，Q235 钢、Q345 钢的冲击韧性应满足质量等级 C 的要求，Q390 钢和 Q420 钢应满足质量等级 D 的要求。

销、铰、轴、斜拉索锚具等宜选用优质碳素结构钢锻制或轧制钢材。支座通常承受较大的冲击力，选材时应避免采用强度较低、塑性较差、冲击值很低的铸钢，多推荐采用 ZG230-450、ZG270-500、ZG310-570 三个牌号的铸钢。

表 3-7　钢材的冲击韧性

钢材牌号	Q235		Q345		Q390		Q420	
质量等级	C	D	C	D	D	E	D	E
试验温度/℃	0	-20	0	-20	-20	-40	-20	-40
冲击韧性/J	27	27	34	34	34	27	34	27

3.2 混凝土

3.2.1 混凝土的强度

混凝土的强度指标主要有立方体抗压强度、轴心抗压强度和轴心抗拉强度。

1. 混凝土的立方体抗压强度标准值（$f_{cu,k}$）与强度等级

抗压强度是混凝土的重要力学指标，**用边长为 150mm 的混凝土立方体作为标准试件，**

由标准立方体试件测得的抗压强度，称为标准立方体抗压强度，用 f_{cu} 表示。

《混凝土桥涵规范》规定：用边长为 150mm 的立方体试件，在标准条件下（温度为 20℃±3℃，相对湿度不小于 90%）养护 **28d**，用标准试验方法（加荷速度为每秒 0.2 ~ 0.3N/mm²，试件表面不涂润滑剂、全截面受力）**加压至试件破坏，测得的具有 95% 保证率的抗压强度称为混凝土立方体抗压强度标准值，用符号 $f_{cu,k}$ 表示。**

立方体抗压强度标准值 $f_{cu,k}$ 作为衡量混凝土强度等级的指标。桥涵工程中混凝土强度等级分为 14 级，即 C15、C20、C25、C30、C35、C40、C45、C50、C55、C60、C65、C70、C75、C80。

在钢筋混凝土结构中，混凝土的强度等级不宜低于 C25；采用强度标准值 400MPa 及以上钢筋时，混凝土强度等级不得低于 C30；预应力混凝土结构的混凝土强度等级不宜低于 C40；当建筑物对混凝土还有抗渗、抗冻、抗侵蚀、抗冲刷等技术要求时，混凝土的强度等级尚需根据具体技术要求确定。

2. 混凝土的轴心抗压强度标准值（f_{ck}）

在实际工程中，钢筋混凝土受压构件大多数是棱柱体而不是立方体，工作条件与立方体试块的工作条件有很大差别，采用棱柱体试件比立方体试件更能反映混凝土的实际抗压能力。试验表明：随着试件高宽比 h/b 增大，端部摩擦力对中间截面约束减弱，混凝土抗压强度降低。我国采用 150mm×150mm×300mm 的棱柱体试件为标准试件，用标准试验方法测得的混凝土棱柱体抗压强度即为混凝土的轴心抗压强度。

《混凝土桥涵规范》规定，结构中混凝土轴心抗压强度与立方体抗压强度的关系大致为

$$f_{ck} = 0.88\alpha f_{cu,k} \tag{3-1}$$

式中，α 为系数，C50 以下混凝土 $\alpha = 0.76$，C50 以上混凝土 $\alpha = 0.78 \sim 0.82$。

3. 混凝土的轴心抗拉强度标准值（f_{tk}）

混凝土的轴心抗拉强度是确定混凝土抗裂度的重要指标。常用轴心抗拉试验或劈裂试验来测得混凝土的轴心抗拉强度，其值远小于混凝土的抗压强度，一般为其抗压强度的 1/8 ~ 1/18，且不与抗压强度成正比例关系。《混凝土桥涵规范》规定，结构中混凝土轴心抗拉强度与立方体抗压强度的关系为

$$f_{tk} = 0.88 \times 0.395 f_{cu,k}^{0.55} (1 - 1.645\delta)^{0.45} \tag{3-2}$$

式中 δ——混凝土立方体抗压强度变异系数。对 C60 以下混凝土，取 $\delta = 0.1$

4. 混凝土的强度设计值

混凝土的轴心抗压强度设计值（f_{cd}）、轴心抗拉强度设计值（f_{td}）是由混凝土的轴心抗压强度标准值、轴心抗拉强度标准值除以混凝土材料分项系数 1.45 得到的。

混凝土的强度标准值、设计值见表 3-8、表 3-9。

表 3-8　混凝土强度标准值　　　　　　　　　　（单位：MPa）

强度等级		C15	C20	C25	C30	C35	C40	C45	C50	C55	C60	C65	C70	C75	C80
强度类型	f_{ck}	10.0	13.4	16.7	20.1	23.4	26.8	29.6	32.4	35.5	38.5	41.5	44.5	47.4	50.2
	f_{tk}	1.27	1.54	1.78	2.01	2.20	2.40	2.51	2.65	2.74	2.85	2.93	3.00	3.05	3.10

表 3-9　混凝土强度设计值　　　　　　　　　（单位：MPa）

强度等级		C15	C20	C25	C30	C35	C40	C45	C50	C55	C60	C65	C70	C75	C80
强度类型	f_{cd}	6.9	9.2	11.5	13.8	16.1	18.4	20.5	22.4	24.4	26.5	28.5	30.5	32.4	34.6
	f_{td}	0.88	1.06	1.23	1.39	1.52	1.65	1.74	1.83	1.89	1.96	2.02	2.07	2.10	2.14

5. 复合应力状态下的混凝土强度

在钢筋混凝土结构中，构件通常受到轴力、弯矩、剪力及扭矩等不同组合情况的作用，因此，混凝土更多的是处于双向或三向受力状态。在复合应力状态下，混凝土的强度有明显变化。

对于双向应力状态下，其强度变化特点如下：

当双向受压时，一向的抗压强度随着另一向压应力的增加而增加。

当双向受拉时，实测破坏强度基本不变，双向受拉强度均接近于单向抗拉强度。

当一向受拉、一向受压时，混凝土的强度均低于单向受力（压或拉）的强度。

对混凝土圆柱体三向受压时，混凝土的轴向抗压强度随另外两向压应力的增加而增加。

3.2.2　混凝土的变形

混凝土的变形可以分为两类：一类是由外荷载作用引起的受力变形；另一类是非外荷载因素（温度、湿度等的变化）引起的体积变形。

1. 混凝土在短期荷载作用下的变形性能

混凝土在短期荷载作用下的变形性能

混凝土在一次加载下的应力-应变关系是混凝土最基本的力学性能之一，是对混凝土结构进行理论分析的基本依据，并可较全面地反映混凝土的强度和变形的特点。其应力-应变关系曲线如图 3-5 所示。

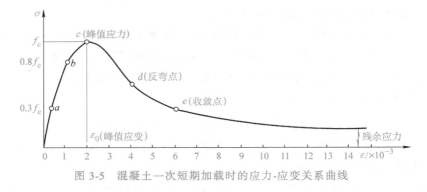

图 3-5　混凝土一次短期加载时的应力-应变关系曲线

（1）**上升段（0c 段）**　在 0a 段（$\sigma_c \leq 0.3f_c$），应力较小时，混凝土处于弹性工作阶段，应力-应变关系曲线接近于直线；在 ab 段（$0.3f_c < \sigma_c < 0.8f_c$），当应力继续增大，其应变增长加快，混凝土塑性变形增大，应力-应变关系曲线越来越偏离直线；在 bc 段（$0.8f_c < \sigma_c < f_c$），随着应力的进一步增大，且接近 f_c 时，混凝土塑性变形急剧增大，c 点的应力达到峰值应力 f_c，试件开始破坏。c 点应力值 f_c 即为混凝土的轴心抗压强度，与其相应的压应变为 ε_0（ε_0 约为 0.002）。

（2）**下降段 ce 段**　当应力超过 f_c 后，试件承载能力下降，随着应变的增加，应力-应

变关系曲线在 d 点出现反弯。试件在宏观上已破坏,此时,混凝土已达到极限压应变 ε_{cu}。 d 点以后,通过骨料间的咬合力及摩擦力,块体还能承受一定的荷载。

混凝土的极限压应变 ε_{cu} 越大,表示混凝土的塑性变形能力越大,即延性越好,混凝土极限压应变 ε_{cu} 约为 $0.003 \sim 0.005$。

混凝土受拉时的应力-应变关系曲线与受压时相似,但其峰值时的应力、应变都比受压时小得多。计算时,一般混凝土的最大拉应变可取 1.5×10^{-4}。

2. 混凝土的弹性模量和切变模量

混凝土的应力与应变的比值并不是常数,所以它的弹性模量取值比钢材要复杂得多。

混凝土的弹性模量(图 3-6)有三种表示方法,分别称为原点弹性模量 E_c(简称弹性模量)、切线模量 E_c' 和变形模量 E_c''(又称割线模量)。

试验结果表明,混凝土的弹性模量与立方体抗压强度有关。《混凝土桥涵规范》给出弹性模量的经验公式为

$$E_c = \frac{10^5}{2.2 + \dfrac{34.7}{f_{cu}}} \qquad (3\text{-}3)$$

式中　E_c——混凝土弹性模量(N/mm^2)。

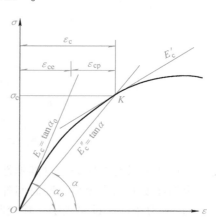

图 3-6　混凝土的弹性模量

注:ε_{ce}—混凝土的弹性应变;
　　ε_{cp}—混凝土的塑性应变。

混凝土各种强度等级的弹性模量,见表 3-10。

混凝土的受拉弹性模量与受压弹性模量很接近,计算中两者可取同一数值。

表 3-10　混凝土的弹性模量　　　　　　　　(单位:MPa)

混凝土强度等级	C15	C20	C25	C30	C35	C40	C45	C50	C55	C60	C65	C70	C75	C80
E_c	2.20	2.55	2.80	3.00	3.15	3.25	3.35	3.45	3.55	3.60	3.65	3.70	3.75	3.80

混凝土的切变模量可近似取 $G_c = 0.4E_c$。

3. 混凝土在长期荷载作用下的变形性能

在荷载的长期作用下,混凝土的变形将随时间而增加,亦即在应力不变的情况下,混凝土的应变随时间继续增长,这种现象被称为混凝土的徐变。

混凝土在长期荷载作用下的变形性能

混凝土在长期荷载作用下,应变与时间的关系曲线如图 3-7 所示。由图 3-7 可见,24 个月的徐变 ε_{cr} 约为加荷时立即产生的瞬时弹性变形 ε_{e1} 的 $2 \sim 4$ 倍;前期徐变增长很快,6 个月可达最终徐变的 $70\% \sim 80\%$,以后徐变增长逐渐缓慢。从图中还可以看到,在 B 点卸荷后,应变会恢复一部分,其中立即恢复的一部分应变被称为混凝土瞬时**弹性回缩应变** ε_{e1}';再经过一段时间(约 20d)后才逐渐恢复的那部分应变被称为**弹性后效应变** ε_{e1}'';最后剩下的不可恢复的应变称为**残余应变** ε_{cr}'。徐变一般在两年左右趋于稳定,三年左右徐变即告基本终止。

徐变与塑性变形的不同之处在于:徐变在较小应力下就可产生,当卸掉荷载后可部分恢

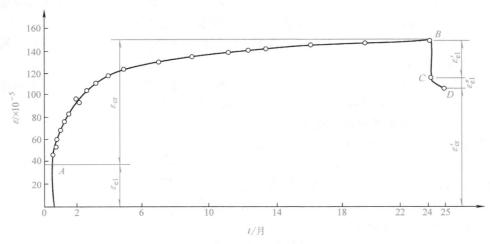

图 3-7　混凝土的徐变与时间的关系

复；塑性变形只有在应力超过其弹性极限后才会产生，当卸掉荷载后不可恢复。

影响徐变的因素很多，除时间外，还有下列因素。

1）应力条件。试验表明，徐变与应力大小有直接关系。应力越大，徐变也越大。实际工程中，如果混凝土构件长期处于不变的高应力状态是比较危险的，对结构安全是不利的。

2）加荷龄期。初始加荷时，混凝土的龄期越早，徐变越大。若加强养护，使混凝土尽早结硬或采用蒸汽养护，可减小徐变。

3）周围环境。养护温度越高，湿度越大，水泥水化作用越充分，徐变就越小；试件受荷后，环境温度低，湿度大，徐变就越小。

4）混凝土中水泥用量越多，徐变越大；水灰比越大，徐变越大。

5）材料质量和级配好，弹性模量高，徐变小。

6）构件的体表比越大，徐变越小。

4. 混凝土的收缩

混凝土的收缩

混凝土在空气中结硬时体积减小的现象，称为**收缩**。混凝土在不受力情况下的这种自由变形，在受到外部或内部（钢筋）约束时，将使混凝土中产生拉应力，甚至使混凝土开裂。

混凝土的收缩是一种随时间而增长的变形（图 3-8）。结硬初期收缩变形发展很快，两周可完成全部收缩的 25%，1 个月约可完成 50%，3 个月后增长缓慢，一般 2 年后趋于稳定，最终收缩值约为 $(2\sim6)\times10^{-4}$。

引起混凝土收缩的原因，在硬化初期主要是水泥石在水化凝固结硬过程中产生的体积变化，后期主要是混凝土内自由水分蒸发而引起的干缩。

影响混凝土收缩的因素有很多，主要有：

1）混凝土的组成和配比是影响混凝土收缩的重要因素。水泥的用量越多，水灰比越大，收缩就越大。骨料的级配好、密度大、弹性模量高、粒径大可减小混凝土的收缩。这是因为骨料对水泥石的收缩有制约作用，粗骨料所占体积比越大、强度越高，对收缩的制约作用就越大。

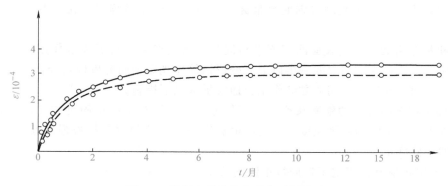

图 3-8 混凝土的收缩变形与时间关系

2）干燥失水是引起收缩的重要原因。所以构件的养护条件、使用环境的温度与湿度，以及凡是影响混凝土中水分保持的因素，都对混凝土的收缩有影响。高温湿养（蒸汽养护）可加快水化作用，减少混凝土中的自由水分，因而可使收缩减少。使用环境的温度越高，相对湿度越低，收缩就越大。

3）混凝土的最终收缩量还与构件的体表比有关。因为这个比值决定着混凝土中水分蒸发的速度。体表比小的构件，收缩量较大，发展也较快。

3.3 钢筋与混凝土共同工作

3.3.1 钢筋与混凝土共同工作的原因

钢筋混凝土是桥涵工程中常见的建筑材料，它由钢筋和混凝土两种材料结合成整体，共同发挥作用。

钢筋和混凝土这两种力学性能不同的材料之所以能有效结合在一起共同工作，主要是由于：

1）混凝土和钢筋之间有着良好的黏结力，使两者能可靠的结合成一个整体，在荷载作用下能够协调地共同变形，完成其结构功能。

2）钢筋和混凝土的温度线膨胀系数也较为接近（钢筋为 1.2×10^{-5}，混凝土为 $1.0\times10^{-5}\sim1.5\times10^{-5}$），因此，当温度变化时，不致产生较大的温度应力而破坏二者之间的黏结。

3）混凝土包在钢筋的外围，起着保护钢筋免遭锈蚀的作用，保证了钢筋和混凝土的共同工作。

3.3.2 保证钢筋与混凝土间黏结作用的措施

在钢筋混凝土结构中，钢筋和混凝土这两种材料之所以能共同工作的基本前提是具有足够的黏结强度，能承受由于变形差（相对滑移）沿钢筋与混凝土接触面上产生的切应力，通常把这种切应力称为黏结应力。

钢筋与混凝土之间的黏结力，主要由以下三个部分组成。

（1）**胶着力** 混凝土中水泥浆凝结时产生化学作用，水泥胶体与钢筋之间产生胶着力。

（2）**摩阻力**　混凝土收缩将钢筋紧紧握固，当二者出现滑移时，在接触面上产生摩擦阻力。

（3）**机械咬合力**　钢筋表面凸凹不平与混凝土之间产生的机械咬合作用。其中机械咬合力作用最大，约占总黏结力的一半以上，变形钢筋比光面钢筋的机械咬合作用更大。

为了保证钢筋与混凝土间的黏结作用，通常采取以下措施。

（1）**保证钢筋有足够的锚固长度**　为了保证钢筋在混凝土中锚固可靠，设计时应该使钢筋在混凝土中有足够的锚固长度 l_a。它可根据钢筋应力达到钢筋抗拉强度标准值 f_{sk} 钢筋才被拔动的条件确定。

《混凝土桥涵规范》规定了钢筋最小锚固长度 l_a 的数值，见表 3-11。

表 3-11　钢筋的最小锚固长度

钢筋种类		HPB300				HRB400、HRBF400、RRB400			HRB500		
混凝土强度等级		C25	C30	C35	≥C40	C30	C35	≥C40	C30	C35	≥C40
受压钢筋（直端）		$45d$	$40d$	$38d$	$35d$	$30d$	$28d$	$25d$	$35d$	$33d$	$30d$
受拉钢筋	直端	—	—	—	—	$35d$	$33d$	$30d$	$45d$	$43d$	$40d$
	弯钩端	$40d$	$35d$	$33d$	$30d$	$30d$	$28d$	$25d$	$35d$	$33d$	$30d$

注：1. d 为钢筋公称直径（mm）。

2. 对于受压束筋和等代直径 $de \leqslant 28mm$ 的受拉束筋的锚固长度，应以等代直径按表值确定，束筋的各单根钢筋可在同一锚固终点截断；对于等代直径 $de > 28mm$ 的受拉束筋，束筋内各单根钢筋，应自锚固起点开始，以表内规定的单根钢筋的锚固长度的 1.3 倍，呈阶梯形逐根延伸后截断，即自锚固起点开始，第一根延伸 1.3 倍单根钢筋的锚固长度，第二根延伸 2.6 倍单根钢筋的锚固长度，第三根延伸 3.9 倍单根钢筋的锚固长度。

3. 采用环氧树脂涂层钢筋时，受拉钢筋最小锚固长度应增加 25%。

4. 当混凝土在凝固过程中易受扰动时，锚固长度应增加 25%。

5. 当受拉钢筋末端采用弯钩时，锚固长度为包括弯钩在内的投影长度。

（2）**受拉钢筋端部做弯钩**　为了保证钢筋锚固的可靠性，受拉钢筋端部应做弯钩。弯钩的形式与尺寸，见表 3-12。其中，规定弯钩最小半径的目的是防止弯钩加工时产生裂纹，降低弯钩部分的抗拉强度，以及防止弯曲处的混凝土被钢筋的合成应力压碎。

表 3-12　受拉钢筋端部钢筋弯钩

弯曲部位	弯曲角度	形　　状	钢　　筋	弯曲直径 D	平直段长度
末端弯钩	180°		HPB300	≥2.5d	≥3d
	135°		HRB400、HRB500、HRBF400、RRB400	≥5d	≥5d
	90°		HRB400、HRB500、HRBF400、RRB400	≥5d	≥10d

（续）

弯曲部位	弯曲角度	形　　　状	钢　　筋	弯曲直径 D	平直段长度
中间弯折	≤90°		各种钢筋	≥20d	—

注：采用环氧树脂涂层钢筋时，除应满足表内规定外，当钢筋直径 $d \leqslant 20$mm 时，弯钩内直径 D 不应小于 5d；当 d> 20mm 时，弯钩内直径 D 不应小于 6d；直线段长度不应小于 5d。

（3）可靠的钢筋的连接　钢筋在出厂时，为了方便运输，除小直径的盘条外，每根长度多在 6~12m 左右。在实际工程中，钢筋常需接长。《混凝土桥涵规范》规定，钢筋接头宜采用焊接接头、机械连接接头。当施工或构造条件有困难时，也可采用绑扎搭接接头。

绑扎接头是在钢筋搭接处用铁丝绑扎而成。绑扎接头是通过钢筋与混凝土之间的黏结应力来传递钢筋之间的内力，因此必须有足够的搭接长度。规范规定，受拉钢筋绑扎接头搭接长度见表 3-13，受压钢筋的搭接长度取受拉钢筋搭接长度的 0.7 倍。

表 3-13　受拉钢筋绑扎接头搭接长度

钢筋种类	HPB300		HRB400、HRBF400、RRB400	HRB500
混凝土强度等级	C25	≥C30	≥C30	≥C30
搭接长度/mm	40d	35d	45d	50d

注：1. d 为钢筋的公称直径（mm）。当带肋钢筋直径 d>25mm 时，其受拉钢筋的搭接长度应按表值增加 5d 采用；当带肋钢筋直径 d<25mm 时，搭接长度可按表值减少 5d 采用。

2. 当混凝土在凝固过程中受力钢筋易受扰动时，其搭接长度应增加 5d。

3. 在任何情况下，受拉钢筋的搭接长度不应小于 300mm；受压钢筋的搭接长度不应小于 200mm。

4. 环氧树脂涂层钢筋的绑扎接头搭接长度，受拉钢筋按表值的 1.5 倍采用。

5. 受拉区段内，HPB300 钢筋绑扎接头的末端应做成弯钩，HRB400、HRB500、HRBF400 和 RRB400 钢筋的末端可不做成弯钩。

绑扎钢筋的直径不宜大于 28mm，但轴心受压和偏心受压构件中的钢筋，直径可不大于 32mm。轴心受拉和小偏心受拉构件不应采用绑扎接头。

此外，钢筋间净距，构件的混凝土保护层厚度对黏结强度也有一定影响。钢筋间净距或混凝土保护层厚度太小时，黏结强度会显著降低。所以，对于不同的构件，《混凝土桥涵规范》都做了一定的构造要求。

3.4　圬工材料与砌体强度

3.4.1　圬工材料

3.4.1.1　圬工材料的种类

1. 石材

常用天然石料的种类主要有花岗石、石灰岩等。工程上依据石料的开采方法、形状、尺寸和表面粗糙度的不同，分为下列几类：

（1）片石　片石是由爆破开采直接取用的不规则石块，一般形状不受限制，厚度小于150mm。

（2）**块石**　一般系按岩石层理放炮或锲劈而成的石料，形状大致方正，上下面大致平整，厚度200～300mm，宽度约为厚度的1～1.5倍，长度约为厚度的1.5～3倍。除用作镶面外，块石一般不需修凿加工，但应敲去锋棱锐角。

（3）**粗料石**　是由岩层或大块石料开劈并经粗略修凿而成，其外形方正，成六面体，厚度200～300mm，宽度为厚度的1～1.5倍，长度为厚度的2.5～4倍，表面凹陷深度不大于20mm。

（4）**半细料石**　表面凹陷深度不大于15mm，其他要求同粗料石。

（5）**细料石**　表面凹陷深度不大于10mm，其他要求同粗料石。

石材强度分为MU120、MU100、MU80、MU60、MU50、MU40和MU30七个强度等级。

2. 混凝土

（1）**混凝土预制块**　混凝土预制块系根据使用及施工要求预先设计成一定形状及尺寸后用混凝土浇制而成，其尺寸要求不低于粗料石，且其表面应较为平整。混凝土预制块形状、尺寸统一，砌体表面整齐美观；尺寸较黏土砖大，可以提高抗压强度，节省砌缝水泥，减轻劳动量，加快施工进度；可提前预制，使其收缩尽早消失，避免构件开裂；可节省石料的开采加工工作；对于形状复杂的块材，难于用石料加工时，更可显示混凝土预制块的优越性。

（2）**片石混凝土**　桥涵工程中的大体积结构如墩身、台身等，常采用片石混凝土结构，它是在混凝土中分层加入含量不多于20%（质量分数）的片石。

（3）**小石子混凝土**　小石子混凝土是由胶结料（水泥）、粗骨料（细卵石或碎石、粒径不大于2cm）、细粒料（砂）和水拌制而成。小石子混凝土比同标号砂浆砌筑的片石、块石砌体抗压强度高10%～30%，可以节约水泥和砂，在一定条件下是一种水泥砂浆的代用品。

圬工结构中混凝土的强度等级分为C40、C35、C25、C20和C15。

3. 砂浆

砂浆是由胶结料（水泥、石灰和黏土等）、粒料（砂）及水拌制而成的。砂浆在砌体中的作用是将砌体内的块材连结成整体，并可抹平块材表面而促使应力的分布较为均匀。此外，砂浆填满块材间的缝隙，也提高了砌体的抗冻性。

砂浆按其胶结料的不同可分为水泥砂浆、混合砂浆（如水泥石灰砂浆、水泥黏土砂浆等）、石灰砂浆。由于混合砂浆和石灰砂浆的强度较低，使用性能较差，故桥涵工程中大多采用水泥砂浆，但在缺乏水泥地区，可依结构物的部位以及重要程度有选择性地使用石灰水泥砂浆。

砂浆的物理、力学性能指标有砂浆的强度、和易性和保水性。

（1）**砂浆的强度**　砂浆的强度用强度等级表示。砂浆的强度等级是以边长为70.7mm的标准立方体试块，在标准条件下养护28d，按统一的标准试验方法测得的抗压强度，单位为MPa。砂浆的强度等级分为M20、M15、M10、M7.5、M5。

（2）**砂浆的和易性**　指砂浆在自身与外力作用下的流动性程度，实际上反映了砂浆的可塑性。和易性好的砂浆不但操作方便，能提高劳动生产率，而且可以使灰缝饱满、均匀、密实，使砌体具有良好的质量。对于多孔及干燥的砖石，需要和易性较好的砂浆；对于潮湿及密实的砖石，和易性要求较低。

（3）**砂浆的保水性**　指砂浆在运输和砌筑过程中保持其均匀程度的能力，它直接影响砌体的砌筑质量。在砌筑时，块材将吸收一部分水分，当吸收的水分在一定范围内时，对于砌缝中的砂浆强度和密度是有良好影响的。但是，如果砂浆的保水性很差，新铺在块材面上的砂浆水分很快散失或被块材吸收，则使砂浆难以抹平，因而降低砌体的质量，同时砂浆因失去过多水分而不能进行正常的硬化作用，从而大大降低砌体的强度。因此在砌筑砌体前，对吸水性较大的干燥块材，必须洒水湿润其砌筑表面。

3.4.1.2　圬工材料的基本要求

公路圬工桥涵结构物所使用的材料的最低强度等级应符合表3-14的规定。

表3-14　圬工材料的最低强度等级

结构物种类	材料最低强度等级	砌筑砂浆最低强度等级
拱圈	MU50 石材 C25 混凝土（现浇） C30 混凝土（预制块）	M10（大、中桥） M7.5（小桥涵）
大、中桥墩台及基础,轻型桥台	MU40 石材 C25 混凝土（现浇） C30 混凝土（预制块）	M7.5
小桥涵墩台、基础	MU30 石材 C20 混凝土（现浇） C25 混凝土（预制块）	M5

片石混凝土中片石的强度等级应符合表3-14规定的最低等级，且不低于混凝土强度等级。

累年最冷月平均气温低于或等于−10℃的地区，所用的石材抗冻性指标应符合表3-15的规定。

表3-15　石材抗冻性指标

结构物部位	大、中桥	小桥及涵洞
镶面或表面石材	50	25

注：1. 抗冻性指标系指材料在含水饱和状态下经过−15℃的冻结与20℃融化的循环次数。试验后的材料应无明显损伤（裂缝、脱层），其强度不应低于试验前的0.75倍。

　　2. 根据以往实践经验证明材料确有足够抗冻性能者，可不作抗冻试验。

石材应具有耐风化和抗侵蚀性。用于浸水或气候潮湿地区的受力结构的石材的软化系数（即石材在含水饱和状态下与干燥状态下试块极限抗压强度的比值）不应低于0.8。

3.4.2　砌体的种类

圬工结构常以砌体的形式出现。**砌体是由石材或混凝土预制块，通过砂浆或小石子混凝土结合而成的整体材料。砌体中所使用的具有一定规格的石材和混凝土预制块称为块材。**根据所用块材的不同，常用砌体分以下几种。

1. 片石砌体

片石应分层砌筑，砌筑时敲击其尖锐凸出部份，并交错排列，互相咬接，竖缝应相互错开，不得贯通；片石应放置平稳，避免过大空隙，可用小石子填塞空隙（不得支垫），砂浆用量不宜超过砌体体积的 40%，以防砂浆的收缩过大，同时也可节省水泥用量。砌缝宽度一般不应大于 4cm。

2. 块石砌体

块石应平砌，每层石料高度应大体一致，并错缝砌筑。砌缝宽度不宜过宽，否则影响砌体总强度，而且多耗用水泥。一般水平缝宽不大于 3cm，竖缝宽不大于 4cm。

3. 粗料石砌体

砌筑前应按石料厚度与砌缝宽度预先计算层数，选好面料。砌筑时面料应安放端正，保证砌缝平直。为保证强度要求和外表整齐、美观，砌缝宽度不大于 2cm，并应错缝砌筑，错缝距离不小于 10cm。

4. 半细料石砌体

采用半细料石错缝砌筑，砌筑缝宽不大于 15mm。

5. 细料石砌体

采用细料石错缝砌筑，砌筑缝宽不大于 10mm。

6. 混凝土预制块砌体

各项规格、尺寸同细料石砌体。

3.4.3　砌体的强度

3.4.3.1　砌体的抗压性能

1. 砌体中的实际应力状态

砌体是由单块块材用砂浆黏结砌成，因而它的受压性能与匀质的整体结构构件有很大的差异。对中心受压砌体的试验结果表明，砌体在受压破坏时，一个重要的特征是单块块材先开裂，这是由于砌缝厚度和密实性的不均匀以及块材与砂浆交互作用等原因，致使块材受力复杂，抗压强度不能充分发挥，导致砌体的抗压强度低于块材的抗压强度。通过试验观测和分析，在砌体的单块块材内产生复杂应力状态的原因如下。

1）由于块材的表面不平整，灰缝厚度和密实性的不均匀，使得砌体中的块材不是均匀受压，而是同时受弯曲和剪切的作用。由于块材的抗剪、抗弯强度远小于抗压强度，因此，砌体的抗压强度总是比单块块材的抗压强度小。

2）砌体竖向受压时，要产生横向变形。因块材与砂浆之间存在着黏结力，砂浆的横向变形比块材大，为保证两者共同变形，两者之间相互作用，块材阻止砂浆变形，砂浆横向受到压力，而块材在横向受拉。

3）砌体的竖向灰缝未能很好填满，使截面有效面积被减少，同时砂浆和块材的黏结力也不能完全保证，故在竖向灰缝截面上的块材内产生横向拉应力和切应力的应力集中，引起砌体强度的降低。

2. 影响砌体抗压强度的主要因素

（1）块材的强度、尺寸和形状的影响　块材是砌体的主要组成材料，因此，块材的强度对砌体强度起着主要的作用。

块材厚度增加，其截面面积和惯性矩也相应加大，提高了块材抗弯、抗剪、抗拉的能力，砌体强度也增大。

块材的形状规则与否也直接影响砌体的抗压强度。如块材表面不平整，会使砌体灰缝厚薄不均匀，从而降低砌体的抗压强度。

（2）**砂浆的物理力学性能** 砂浆的强度直接影响砌体的抗压强度，如砂浆强度等级过低，将加大块材和砂浆的横向变形差异，从而降低砌体强度。但应注意，单纯提高砂浆强度等级并不能使砌体抗压强度有很大提高。

砂浆的和易性和保水性对砌体强度亦有影响。和易性好的砂浆较易铺砌成饱满、均匀、密实的灰缝，可以减小块材内的复杂应力，使砌体强度提高。但砂浆内水分过多，和易性虽好，由于砌缝的密实性降低，砌体强度反而降低。因此，作为砂浆和易性指标的标准圆锥体沉入度，对片石、块石砌体，应控制在 50~70cm；对粗料面及砖砌体，应控制在 70~100cm。

（3）**砌筑质量的影响** 砌筑质量的标志之一即为灰缝的质量，包括灰缝的均匀性和饱满程度。砂浆铺砌得均匀、饱满，可以改善块材在砌体内的受力性能，使之比较均匀地受压，提高砌体抗压强度；反之则将降低砌体强度。另外，灰缝厚薄对砌体抗压强度的影响也不能忽视，灰缝过厚过薄都难以均匀密实；灰缝过厚还将增加砌体的横向变形。

3. 砌体抗压强度设计值

各种砌体抗压强度设计值见表3-16~表3-20。

表 3-16 混凝土预制块砂浆砌体轴心抗压强度设计值 f_{cd} （单位：MPa）

砌块强度等级	砂浆强度等级					砂浆强度
	M20	M15	M10	M7.5	M5	0
C40	8.25	7.04	5.84	5.24	4.64	2.06
C35	7.71	6.59	5.47	4.90	4.34	1.93
C30	7.14	6.10	5.06	4.54	4.02	1.79
C25	6.52	5.57	4.62	4.14	3.67	1.63
C20	5.83	4.98	4.13	3.70	3.28	1.46
C15	5.05	4.31	3.58	3.21	2.84	1.26

表 3-17 块石砂浆砌体的轴心抗压强度设计值 f_{cd} （单位：MPa）

砌块强度等级	砂浆强度等级					砂浆强度
	M20	M15	M10	M7.5	M5	0
MU120	8.42	7.19	5.96	5.35	4.73	2.10
MU100	7.68	6.56	5.44	4.88	4.32	1.92
MU80	6.87	5.87	4.87	4.37	3.86	1.72
MU60	5.95	5.08	4.22	3.78	3.35	1.49
MU50	5.43	4.64	3.85	3.45	3.05	1.36
MU40	4.86	4.15	3.44	3.09	2.73	1.21
MU30	4.21	3.59	2.98	2.67	2.37	1.05

注：对各类石砌体，应按表中数值分别乘以下列系数：细料石砌体为1.5；半细料石砌体为1.3；粗料石砌体为1.2；干砌块石砌体可采用砂浆强度为零时的抗压强度设计值。

表 3-18　片石砂浆砌体的轴心抗压强度设计值 f_{cd}　（单位：MPa）

砌块强度等级	砂浆强度等级					砂浆强度
	M20	M15	M10	M7.5	M5	0
MU120	1.97	1.68	1.39	1.25	1.11	0.33
MU100	1.80	1.54	1.27	1.14	1.01	0.30
MU80	1.61	1.37	1.14	1.02	0.90	0.27
MU60	1.39	1.19	0.99	0.88	0.78	0.23
MU50	1.27	1.09	0.90	0.81	0.71	0.21
MU40	1.14	0.97	0.81	0.72	0.64	0.19
MU30	0.98	0.84	0.70	0.63	0.55	0.16

注：干砌片石砌体可采用砂浆强度为零时的轴心抗压强度设计值。

表 3-19　小石子混凝土砌块石砌体轴心抗压强度设计值 f_{cd}　（单位：MPa）

石材强度等级	小石子混凝土强度等级					
	C40	C35	C30	C25	C20	C15
MU120	13.86	12.69	11.49	10.25	8.95	7.59
MU100	12.65	11.59	10.49	9.35	8.17	6.93
MU80	11.32	10.36	9.38	8.37	7.31	6.19
MU60	9.80	9.98	8.12	7.24	6.33	5.36
MU50	8.95	8.19	7.42	6.61	5.78	4.90
MU40	—	—	6.63	5.92	5.17	4.38
MU30	—	—	—	—	4.48	3.79

注：砌块为粗料石时，轴心抗压强度为表面乘1.2；砌块为细料石、半细料石时，轴心抗压强度为表值乘1.4。

表 3-20　小石子混凝土砌片石砌体轴心抗压强度设计值 f_{cd}　（单位：MPa）

石材强度等级	小石子混凝土强度等级			
	C30	C25	C20	C15
MU120	6.94	6.51	5.99	5.36
MU100	5.30	5.00	4.63	4.17
MU80	3.94	3.74	3.49	3.17
MU60	3.23	3.09	2.91	2.67
MU50	2.88	2.77	2.62	2.43
MU40	2.50	2.42	2.31	2.16
MU30	—	—	1.95	1.85

3.4.3.2　砌体的抗拉、抗弯、抗剪强度

砌体主要用于承压结构，但在实际工程中，砌体也常常处于受拉、受弯或受剪状态，如图 3-9 所示。

在大多数情况下，砌体的受拉、受弯及受剪破坏一般均发生于砂浆与块材的连接面上。此时，砌体的抗拉、抗弯及抗剪强度将取决于砌缝的强度，亦即取决于砌缝中砂浆与块材的

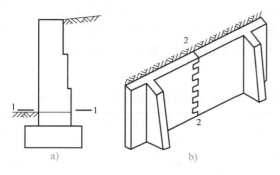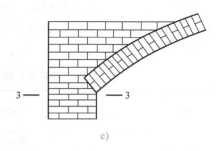

图 3-9 砌体的弯曲受拉和受剪

a）挡土墙沿 1-1 截面弯曲受拉 b）扶壁挡土墙沿 2-2 截面弯曲受拉 c）拱脚附近沿 3-3 截面受剪

黏结强度。根据砌体受力方向的不同，黏结强度分为作用力垂直于砌缝时的法向黏结强度及作用力平行于砌缝时的切向黏结强度。在正常情况下，黏结强度值与砂浆的强度等级有关。

结构构件中块材与砂浆强度值是不同的，在块材的强度等级较高而砂浆的强度等级较低时，按照外力作用于砌体的方向，砌体的抗拉、弯曲抗拉和抗剪破坏情况简述如下。

1. 轴心受拉

在平行于水平灰缝的轴心拉力作用下，砌体可能沿齿缝截面发生破坏（图 3-10a），其强度主要取决于灰缝的法向及切向黏结强度。

当拉力作用方向与水平灰缝垂直时，砌体可能沿通缝截面发生破坏（图 3-10b），其强度主要取决于灰缝的

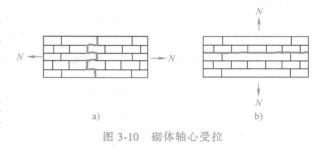

图 3-10 砌体轴心受拉

法向黏结强度。由于法向黏结强度不易保证，工程中一般不容许采用这种轴心受拉构件。

2. 弯曲受拉

如图 3-9a 所示，砌体可能沿 1-1 通缝截面发生破坏，其强度主要取决于灰缝的法向黏结强度。

如图 3-9b 所示，砌体可能沿 2-2 齿缝截面发生破坏，其强度主要取决于灰缝的切向黏结强度。

3. 受剪

砌体可能发生如图 3-11a 所示的通缝截面受剪破坏，其强度主要取决于灰缝的黏结强度。

砌体在发生如图 3-11b 所示的齿缝截面受剪破坏时，其抗剪强度与块材的抗剪强度以及砂浆的切向黏结强度有关，随砌体种类而不同。片石砌体齿缝抗剪强度采用通缝抗剪强度的两倍。规则块材砌体的齿缝抗剪强度，决定于块材的直接抗剪强度，不计灰缝的抗剪强度。

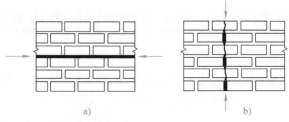

图 3-11 砌体受剪

试验资料表明，砌体齿缝破坏情况下的抗剪、抗拉及弯曲抗拉强度比通缝破坏时要高，因此，采用错缝砌筑的措施，可以尽可能避免砌体受拉、受剪时处于不利的通缝破坏情况，从而提高砌体的抗剪与抗拉能力。各种砌体的抗拉、抗剪、弯曲抗拉强度设计值见表3-21～表3-22。

表3-21　砂浆砌体轴心抗拉、弯曲抗拉和直接抗剪强度设计值　　（单位：MPa）

强度类别	破坏特征	砌体种类	砂浆强度等级				
			M20	M15	M10	M7.5	M5
轴心抗拉 f_{td}	齿缝	规则砌块砌体	0.104	0.090	0.073	0.063	0.052
		片石砌体	0.096	0.083	0.068	0.059	0.048
弯曲抗拉 f_{tmd}	齿缝	规则砌块砌体	0.122	0.105	0.086	0.074	0.061
		片石砌体	0.145	0.125	0.102	0.089	0.072
	通缝	规则砌块砌体	0.084	0.073	0.059	0.051	0.042
直接抗剪 f_{vd}	—	规则砌块砌体	0.104	0.090	0.073	0.063	0.052
		片石砌体	0.241	0.208	0.170	0.147	0.120

注：1. 砌体龄期为28d。

2. 规则砌块砌体包括块石砌体、粗料石砌体、半细料石砌体、细料石砌体、混凝土预制块砌体。

3. 规则砌块砌体在齿缝方向受剪时，系通过砌块和灰缝剪破。

表3-22　小石子混凝土砌块石、片石砌体的轴心抗拉、弯曲抗拉和直接抗剪强度设计值

（单位：MPa）

强度类别	破坏特征	砌体种类	小石子混凝土强度等级					
			C40	C35	C30	C25	C20	C15
轴心抗拉 f_{td}	齿缝	块石砌体	0.285	0.267	0.247	0.226	0.202	0.175
		片石砌体	0.425	0.398	0.368	0.336	0.301	0.260
弯曲抗拉 f_{tmd}	齿缝	块石砌体	0.335	0.313	0.290	0.265	0.237	0.205
		片石砌体	0.493	0.461	0.427	0.387	0.349	0.300
	通缝	块石砌体	0.232	0.217	0.201	0.183	0.164	0.142
直接抗剪 f_{vd}	—	块石砌体	0.285	0.267	0.247	0.226	0.202	0.175
		片石砌体	0.425	0.398	0.368	0.336	0.301	0.260

注：对其他规则砌块砌体强度值为表内块石砌体强度值乘以下列系数：粗料石砌体0.7；细料石、半细料石砌体0.35。

警示园地——鄂尔多斯市国际那达慕大会主会场坍塌事故

工程概况：

内蒙古鄂尔多斯国际那达慕大会主会场位于鄂尔多斯南部的伊金霍洛旗，主体结构采用了钢柱与外包混凝土结合的方式，动用了3万t的钢材，相当于北京奥运会主体育场鸟巢的2/3，投资十几亿元，该项目于2009年12月14号正式开工，工期要求是2010年6月30日竣工。

事故描述：

2010年12月15日1时30分左右，赛马场西侧看台钢结构罩棚发生局部塌落（图3-12），塌落事故初步估计造成损失3000多万元，未造成人员伤亡。

图3-12 鄂尔多斯市国际那达慕大会主会场坍塌事故

事故原因：

中国钢结构协会专家委员会进行现场勘查鉴定，原因是：11月中旬用于罩棚钢结构焊接的24个支撑柱开始卸载，12月5日完成后现场全面停工进入冬歇期，但由于西侧（西区）看台钢结构罩棚部分焊缝存在严重质量缺陷，个别杆件接料不符合规范要求，遇到近期骤冷的天气，钢结构罩棚出现较大伸缩而发生塌落。

小　结

1. 按生产加工工艺和力学性能的不同，钢筋（$d \geqslant 6mm$）分为热轧钢筋、冷拉钢筋、冷轧带肋钢筋和余热处理钢筋四种；钢丝（$d < 6mm$）分为消除应力光面圆钢丝、刻痕钢丝、钢绞线（用光面钢丝绞在一起）、冷拉钢丝和螺旋肋钢丝等几种。

钢筋混凝土及预应力钢筋混凝土构件中的普通钢筋宜选用热轧HPB300、HRB400、HRB500、HRBF400及RRB400钢筋；预应力钢筋混凝土构件中箍筋应选用其中的带肋钢筋；按构造要求配置的钢筋网可采用冷轧带肋钢筋。

预应力钢筋混凝土构件中的预应力钢筋应选用钢绞线、钢丝；中、小型构件或竖、横向预应力钢筋，也可选用预应力螺纹钢筋。

2. 混凝土桥涵工程中所用混凝土按其立方体抗压强度标准值$f_{cu,k}$可分为14级：即C15、C20、C25、C30、C35、C40、C45、C50、C55、C60、C65、C70、C75、C80。

在钢筋混凝土结构中，混凝土的强度等级不宜低于C25，采用强度标准值400MPa及以上钢筋时，混凝土强度等级不得低于C30，预应力混凝土结构的混凝土强度等级不宜低于C40。

3. 结构钢按钢材的规格主要分为热轧成型的钢板和型钢两大类。常用的型钢有角钢、槽钢、工字钢、钢管等种类。

公路钢桥宜选用Q235、Q345、Q390和Q420钢，但Q235钢的使用范围受到限制。

4. 圬工结构所用材料有石材、混凝土和砂浆。

思 考 题

3-1 钢筋的品种有哪些？

3-2 影响钢材性能的因素有哪些？

3-3 什么是钢材的应力集中、疲劳破坏？

3-4 什么是混凝土的立方体抗压强度？它与混凝土的强度等级有什么关系？

3-5 钢筋、混凝土强度标准值和强度设计值有什么区别？

3-6 何谓混凝土的徐变？影响徐变的因素有哪些？

3-7 什么是混凝土的收缩？如何减小混凝土构件收缩？

3-8 如何保证钢筋和混凝土之间的良好黏结？

3-9 影响砌体抗压强度的因素有哪些？

第二部分

机械工业出版社

CHINA MACHINE PRESS